雷艳秋 魏 航 刘宝仓 等编

材料化学
基础实验

Basic
Experiments
of Material
Chemistry

U0387800

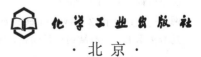
化学工业出版社
·北京·

内容简介

本书共包含 4 类 18 个实验，涉及基本技能训练、高分子材料实验、非金属材料实验和综合实验。各实验均介绍了实验目的和原理，仪器与试剂，实验步骤，结果与讨论，实验操作注意事项和思考题，部分新型实验反映了学科前沿的新技术和新方法。书中还包含一些仪器的操作介绍，作为扩展阅读以供学生学习。

本书注重培养读者的化学素养和动手能力，可作为高等学校化学化工、材料等专业师生的教学用书，也可作为从事材料生产的技术人员及其他涉及材料化学实验领域研究人员的参考用书。

图书在版编目（CIP）数据

材料化学基础实验/雷艳秋等编 . —北京：化学工业
出版社，2011.12（**2022.7 重印**）
ISBN 978-7-122-38072-2

Ⅰ.①材⋯　Ⅱ.①雷⋯　Ⅲ.①材料科学-应用化学-
化学实验-教材　Ⅳ.①TB3-33

中国版本图书馆 CIP 数据核字（2020）第 244195 号

责任编辑：刘　婧　刘兴春　　　　　　文字编辑：刘兰妹
责任校对：宋　夏　　　　　　　　　　装帧设计：史利平

出版发行：化学工业出版社（北京市东城区青年湖南街 13 号　邮政编码 100011）
印　　装：北京七彩京通数码快印有限公司
710mm×1000mm　1/16　印张 11¾　字数 191 千字　2022 年 7 月北京第 1 版第 2 次印刷

购书咨询：010-64518888　　　　　　　　售后服务:010-64518899
网　　址：http://www.cip.com.cn

定　　价：48.00 元

前　言

材料化学专业作为材料科学的一个重要组成部分,是现代材料科学与基础化学相结合的新兴学科,是涉及化学、物理和材料工程学的交叉学科。随着材料化学研究和应用的发展,相关课程内容及教材的更新对材料化学基础实验提出了新的要求。结合材料化学的发展趋势和多年教学经验的积累,兼顾实验教学改革的要求,在对传统材料化学基础实验进行必要的删减和补充的基础上,我们编写了本教材。

全书分为5篇:第一篇实验安全与要求,介绍材料化学实验室安全规则、实验仪器使用、损坏赔偿规定,以及材料化学实验课程的学习要求;第二篇主要强调实验基本技能训练,同时针对材料化学先导课程中学生可能存在的薄弱环节,内容设计上既包含相关化学知识和操作,也有在材料化学专业方面的应用而进行的相应扩充;第三、第四篇分别为高分子材料实验和非金属材料实验,实验内容以各种典型材料的制备、性能表征以及简单应用为主;该部分内容试图通过对实验主题的选择设计,让学生掌握材料的常用制备方法以及测试表征手段;第五篇为综合实验,该部分内容突出基础理论实验、科学前沿实验、交叉应用实验等,希望通过实验教学,逐步引导学生发散性思维,让学生初步涉足实验参数调控、数据处理等方面,以了解材料化学的丰富内容,提升学生的学科兴趣。

本书编写分工如下:雷艳秋编写实验一、实验二、实验六、实验七、实验十二、实验十三及部分扩展内容,魏航编写实验四、实验八、实验九、实验十、实验十四和实验十五，刘宝仓编写实验五、实验十一、实验十六和实验十七，赵文芝编写实验三和实验十八，全书最终由雷艳秋统稿和定稿。 在编写过程中也参考了国内外相关教材，在此一并表示衷心的感谢。

由于编者水平及编写时间有限，书中难免存在不足和疏漏之处，敬请读者批评指正。

编　者
2020 年 6 月

目　录

第一篇　实验安全与要求　　1

一、材料化学实验室安全规则 …………………… 2

二、实验仪器、设施、器具的使用 …………………… 4

三、实验室仪器设备损坏赔偿规定 …………………… 8

四、材料化学实验课程的学习要求 …………………… 9

第二篇　基本技能训练　　12

实验一　微波合成和水解阿司匹林(乙酰水杨酸)　　13

一、实验目的 …………………… 13

二、实验原理 …………………… 13

三、仪器与试剂 …………………… 15

四、实验步骤 …………………… 15

五、结果与讨论 …………………… 16

六、实验操作注意事项 …………………… 17

七、思考题 …………………… 18

参考文献 …………………… 18

实验二　玻璃化学稳定性(耐水性)的测定　　**20**

　　一、　实验目的 ……………………………………… 20
　　二、　实验原理 ……………………………………… 20
　　三、　仪器与试剂 …………………………………… 25
　　四、　实验步骤 ……………………………………… 25
　　五、　结果与讨论 …………………………………… 28
　　六、　实验操作注意事项 …………………………… 29
　　七、　思考题 ………………………………………… 29
　　参考文献 …………………………………………… 30

实验三　沉淀法制纳米碳酸钙　　**31**

　　一、　实验目的 ……………………………………… 31
　　二、　实验原理 ……………………………………… 31
　　三、　仪器与试剂 …………………………………… 33
　　四、　实验步骤 ……………………………………… 34
　　五、　结果与讨论 …………………………………… 34
　　六、　实验操作注意事项 …………………………… 34
　　七、　思考题 ………………………………………… 35
　　参考文献 …………………………………………… 35

实验四　溶胶-凝胶法制备纳米二氧化钛并测定其粒度分布　　**36**

　　一、　实验目的 ……………………………………… 36
　　二、　实验原理 ……………………………………… 36
　　三、　仪器与试剂 …………………………………… 40
　　四、　实验步骤 ……………………………………… 40
　　五、　结果与讨论 …………………………………… 41
　　六、　实验操作注意事项 …………………………… 41
　　七、　思考题 ………………………………………… 42
　　参考文献 …………………………………………… 42
　　扩展阅读：马尔文 MS3000 型激光粒度仪 ………… 42

实验五　稀土CeO_2纳米材料的制备及表征　　**51**

　　一、　实验目的 ……………………………………… 51

二、 实验原理 …………………………………… 51

三、 仪器与试剂 ………………………………… 54

四、 实验步骤 …………………………………… 55

五、 结果与讨论 ………………………………… 56

六、 思考题 ……………………………………… 56

参考文献 ………………………………………… 56

第三篇　高分子材料实验　57

实验六　乙酸乙烯乳胶漆的制备
58

一、 实验目的 …………………………………… 58

二、 实验原理 …………………………………… 58

三、 仪器与试剂 ………………………………… 61

四、 实验步骤 …………………………………… 62

五、 实验操作注意事项 ………………………… 63

六、 思考题 ……………………………………… 65

参考文献 ………………………………………… 65

实验七　水溶性酚醛树脂胶黏剂
66

一、 实验目的 …………………………………… 66

二、 实验原理 …………………………………… 66

三、 仪器与试剂 ………………………………… 69

四、 实验步骤 …………………………………… 69

五、 实验操作注意事项 ………………………… 70

六、 思考题 ……………………………………… 71

参考文献 ………………………………………… 72

实验八　甲基丙烯酸甲酯的本体聚合和有机玻璃的制备
73

一、 实验目的 …………………………………… 73

二、 实验原理 …………………………………… 73

三、 仪器与试剂 ………………………………… 75

四、 实验步骤 ……………………………………… 75

五、 结果与讨论 …………………………………… 76

六、 实验操作注意事项 …………………………… 76

七、 思考题 ………………………………………… 77

参考文献 …………………………………………… 77

实验九　手糊成型技术制备玻璃钢及拉力机的使用

78

一、 实验目的 ……………………………………… 78

二、 实验原理 ……………………………………… 78

三、 仪器与材料 …………………………………… 80

四、 实验步骤 ……………………………………… 81

五、 结果与讨论 …………………………………… 82

六、 实验操作注意事项 …………………………… 83

七、 思考题 ………………………………………… 83

参考文献 …………………………………………… 83

扩展阅读：拉力试验机操作使用教程 …………… 84

第四篇　　非金属材料实验　　87

实验十　合成ZSM-5分子筛并测定其比表面积

88

一、 实验目的 ……………………………………… 88

二、 实验原理 ……………………………………… 88

三、 仪器与试剂 …………………………………… 92

四、 实验步骤 ……………………………………… 92

五、 结果与讨论 …………………………………… 93

六、 实验操作注意事项 …………………………… 93

七、 思考题 ………………………………………… 94

参考文献 …………………………………………… 94

扩展阅读：比表面积及孔隙度分析操作步骤 ……… 95

实验十一　高效粉煤灰絮凝剂的制备及其对废水的处理 **100**

一、 实验目的 …………………………………… 100

二、 实验原理 …………………………………… 100

三、 仪器与试剂 ………………………………… 102

四、 实验步骤 …………………………………… 102

五、 结果与讨论 ………………………………… 103

六、 思考题 ……………………………………… 103

参考文献 ………………………………………… 104

实验十二　焙烧温度对高岭土粒度及白度的影响 **105**

一、 实验目的 …………………………………… 105

二、 实验原理 …………………………………… 105

三、 仪器与试剂 ………………………………… 111

四、 实验步骤 …………………………………… 112

五、 实验操作注意事项 ………………………… 112

六、 思考题 ……………………………………… 113

参考文献 ………………………………………… 113

扩展阅读：差热分析 …………………………… 113

实验十三　有机蒙脱土聚甲基丙烯酸甲酯复合材料的制备 **115**

一、 实验目的 …………………………………… 115

二、 实验原理 …………………………………… 115

三、 仪器与试剂 ………………………………… 118

四、 实验步骤 …………………………………… 118

五、 结果与讨论 ………………………………… 119

六、 实验操作注意事项 ………………………… 120

七、 思考题 ……………………………………… 120

参考文献 ………………………………………… 121

第五篇　综合实验 **122**

实验十四　水热法制备四氧化三铁并测定其磁性

123

一、　实验目的 ··· 123

二、　实验原理 ··· 123

三、　仪器与试剂 ··· 128

四、　实验步骤 ··· 128

五、　结果与讨论 ··· 129

六、　实验操作注意事项 ································· 129

七、　思考题 ·· 129

参考文献 ·· 129

扩展阅读：振动样品磁强计（VSM）操作说明 ··· 130

实验十五　调制协同法制备ZIF-67纳米晶并测定其红外光谱

137

一、　实验目的 ··· 137

二、　实验原理 ··· 137

三、　仪器与试剂 ··· 142

四、　实验步骤 ··· 142

五、　结果与讨论 ··· 142

六、　实验操作注意事项 ································· 143

七、　思考题 ·· 143

参考文献 ·· 143

扩展阅读：红外光谱仪操作步骤 ···················· 144

实验十六　共沉淀法合成球形Y_2O_3：Eu^{3+}荧光粉及其发光性质研究

148

一、　实验目的 ··· 148

二、　实验原理 ··· 148

三、　仪器与试剂 ··· 150

四、　实验步骤 ··· 151

五、　结果与讨论 ··· 152

六、 思考题 ·· 152

参考文献 ·· 153

实验十七　纳米银溶胶的制备及其紫外吸收光谱测定
154

一、 实验目的 ·· 154

二、 实验原理 ·· 154

三、 仪器与试剂 ·· 156

四、 实验步骤 ·· 157

五、 结果与讨论 ·· 158

六、 思考题 ·· 158

参考文献 ·· 159

实验十八　自组装单层膜诱导合成BiFeO₃薄膜
160

一、 实验目的 ·· 160

二、 实验原理 ·· 160

三、 仪器与试剂 ·· 163

四、 实验步骤 ·· 163

五、 结果与讨论 ·· 164

六、 思考题 ·· 164

参考文献 ·· 164

附录
165

附录1　危险化学品标志
166

附录2　实验室安全标志
170

第一篇

实验安全与要求

一、 材料化学实验室安全规则

1. 材料化学实验室安全规则

（1）实验安全防范的重点是防水、防火、防爆、防中毒、防盗等。学生进入实验室之前必须熟悉实验室的水源、电闸、气源等位置。

（2）学生进入实验室必须穿实验服，实验过程中如需要还要佩戴防护眼镜和手套。不得穿拖鞋进入实验室，无故缺席者、迟到五分钟以上者或实验中途无故早退者，取消本次实验资格。

（3）进入实验室后，在规定的位置上进行实验，未经允许，不得擅自挪动。保持肃静，不得大声喧哗、嬉戏打闹、严禁在实验室内饮食、吸烟、会客等。使用化学药品进行实验后，必须洗净双手。

（4）实验进行之前，应熟悉相关仪器和设备的使用，实验过程中，严格遵守实验操作规程，注意安全。一旦发生事故，必须保持镇静，应立即切断电源、气源；并立即向指导老师报告。爱护仪器、节约药品和水、电、气。

（5）实验操作时不能随意离开实验操作区域。

（6）有毒、易燃、易爆的试剂，要有专人负责，在专门地方保管，不得随意存放。

（7）电气设备要妥善接地，以免发生触电事故。万一发生触电，要立即切断电源，并对触电者进行急救。

（8）实验完毕，将玻璃仪器洗净，公用仪器放回原处，将实验台和药品架整理干净、清扫实验室。最后应检查门、窗、水、电、气是否关好，以免发生事故。

2. 材料化学实验室内的安全操作

所有本科生在首次进入实验室之前都要接受专门的安全教育，包括了解此类专业实验的性质和特点，实验室构造，药品、试剂及仪器摆放，实验废液/废渣的处理，安全防护用品设置和使用，消防器材的位置和使用，安全逃生通道的位置以及实验过程中发生紧急事件的处理等。使学生建立实验室安全和环境保护概念并掌握一定安全操作和防护知识。在进行化学实验时，需经常使用水、电、气并常碰到一些有毒、有腐蚀性或者易燃、易爆的物质。不正确和不经心的操作以及忽视操作中必须注意的事项都能够造成火灾、爆炸和其他不幸的事故。发生事故不仅危害个人，还会危害周围同学，使国家财产受到损失，影响工作的正常进行。因此，学校重视安全操作，熟悉一般的安全知识是非常必要的。我们必须从思想上重视安全，绝不要麻痹大意，但也不能因盲目害怕而缩手缩脚。为杜绝实验室事故的发生，必须严格遵守以下规则。

（1）必须了解实验室各项规章制度及安全制度。熟悉实验室及其周围环境和水、电、气、灭火器的位置。

（2）使用电器时，要谨防触电，不要用湿手、湿物去接触电源，实验完毕后及时拔下插头、切断电源。

（3）一切有毒的、恶臭气体的实验，都应在通风橱内进行。不允许将各种化学药品混合，以免引起意外事故；自瓶中取用试剂后，应立即盖好试剂瓶盖，决不可将取出的试剂或试液倒回原试剂瓶内。

（4）为了防止药品腐蚀皮肤或进入体内，不能用手直接拿取物品，要用药勺或指定的容器取用。取用一些强腐蚀性的药品，如氢氟酸、溴水等，必须戴上橡皮手套。决不允许用舌头尝药品的味道，实验完毕后须将手洗净。严禁在实验室内饮食，严禁将食品及餐具等带入实验室内。

（5）酸和碱是实验室常用试剂，浓酸碱具有强烈腐蚀性，应小心取用，不要把它洒在衣服或皮肤上。实验用过的废酸应倒入指定的废酸缸中。使用浓 HNO_3、浓 HCl、浓 H_2SO_4、$HClO_4$、氨水、冰醋酸等时，均应在通风橱中操作。夏天，打开浓氨水瓶盖之前，应先将氨水瓶放在自来水水流下冷却后再行开启。如不小心溅到皮肤或进入眼内应立即用水冲洗。

（6）禁止使用无标签、性质不明的物质。实验室内所有药品不得带出实验室，用剩的有毒药品应还给实验老师。用过的固体废物（如废纸、残渣、pH 试纸、玻璃碎片等）收集起来放入废物桶内或实验室规定存放的地方。废液小心倒入废液缸中。毛刷、抹布、拖把等卫生用品清洗干净后摆放整齐。

（7）公用仪器、药品、工具等使用完毕应立即放回原处，整齐排好，不得随便动用实验以外的仪器、药品、工具等。

（8）实验时应严格遵守操作规程、安全制度，以防发生事故。加热或进行激烈反应时，人不得离开。如发生事故，应立即向指导教师报告，并及时处理。

（9）如化学灼伤应立即用大量水冲洗皮肤，同时脱去污染的衣服；眼睛受化学灼伤或异物入眼，应立即将眼睁开，用大量水冲洗，至少持续冲洗 15min；如烫伤，可在烫伤处抹上黄色的苦味酸溶液或烫伤软膏。严重者立即送医院治疗。

（10）实验后立即清洗仪器，做好清洁卫生工作，并在规定时间内做好实验报告。

（11）注意节约水电、药品，杜绝一切浪费，禁止随意将试剂倒入水槽（下水道）。

二、 实验仪器、设施、器具的使用

1. 玻璃器皿

正确地使用各种玻璃器皿对于减少人员伤害是非常重要的。实验室中不允许使用破损的玻璃器皿。对于不能修复的玻璃器皿，应当按废物进行处理。在修复玻璃器皿前应清除其中所残留的化学药品。

实验室人员在使用各种玻璃器皿时，应注意以下事项。

（1）在橡皮塞或橡皮管上安装玻璃管时，应戴防护手套。先将玻璃管的两端用火烧光滑，并用水或油脂涂在接口处作润滑剂。对黏结在一起的玻璃器皿，不要试图用力拉，以免伤手。

（2）杜瓦瓶外面应该包上一层胶带或其他保护层以防破碎时玻璃屑飞溅。玻璃蒸馏柱也应有类似的保护层。使用玻璃器皿进行非常压（高于大气压或低于大气压）操作时，应在保护挡板后进行。

（3）破碎玻璃应放入专门的垃圾桶。破碎玻璃在放入垃圾桶前，应用水冲洗干净。

（4）在进行减压蒸馏时，应当采用适当的保护措施（如有机玻璃挡板），防止玻璃器皿发生爆炸或破裂而造成人员伤害。

（5）普通的玻璃器皿不适合做压力反应实验，即使是在较低的压力下也有较大危险，因而禁止用普通的玻璃器皿做压力反应实验。

（6）不要将加热的玻璃器皿放于过冷的台面上，以防止温度急剧变化而引起玻璃破碎。

2. 旋转蒸发仪

旋转蒸发仪是实验室中常用的仪器，使用时应注意下列事项。

（1）旋转蒸发仪适用的压力一般为 $10 \sim 30$ mmHg（1mmHg ≈ 0.13 Pa，后同）。

（2）旋转蒸发仪各个连接部分都应用专用夹子固定。

（3）旋转蒸发仪烧瓶中的溶剂容量不能超过 1/2。

（4）旋转蒸发仪必须以适当的速度旋转。

3. 真空泵

真空泵是用于过滤、蒸馏和真空干燥的设备。常用的真空泵有空气泵、油泵、循环水泵三种。水泵和油泵可抽真空到 $20 \sim 100$ mmHg，高真空油泵可抽真空到 $0.001 \sim 5$ mmHg。使用时应注意下列事项。

（1）油泵前必须接冷阱。

（2）循环水泵中的水必须经常更换，以免残留的溶剂被马达火花引爆。

（3）使用完之前，先将蒸馏液降温，再缓慢放气，达到平衡后再关闭。

（4）油泵必须经常换油。

（5）油泵上的排气口上要接橡皮管并通到通风橱内。

4. 通风橱

通风橱的作用是保护实验室人员远离有毒有害气体，但也不能排出所有毒气。使用时应注意下列事项。

（1）化学药品和实验仪器不能在出口处摆放。

（2）在做实验时不能停止通风。

5. 温度计

温度计一般有酒精温度计、水银温度计、石英温度计及热电偶等。低温酒精温度计测量范围$-80\sim50℃$；酒精温度计测量范围$0\sim80℃$；水银温度计测量范围$0\sim360℃$；高温石英温度计测量范围$0\sim500℃$，热电偶在实验室中不常用。实验室人员应选用合适的温度计。温度计不能当搅拌棒使用，以免折断、破损，导致其他危害。水银温度计破碎后，要用吸管吸去大部分水银，置于特定密闭容器并做好标识，待废化学试剂公司进行处理，然后用硫黄覆盖剩余的水银，数日后进行清理。

6. 气体钢瓶

钢瓶内的物质经常处于高压状态，当钢瓶倾倒、遇热、遇不规范的操作时都可能会引发爆炸等危险。钢瓶压缩气体除易爆、易喷射外，许多气体易燃、有毒且具腐蚀性。因此钢瓶的使用应注意以下几方面。

（1）正常安全气体钢瓶的特征

① 钢瓶表面要有清楚的标签，注明气体名称。

② 气瓶均具有颜色标识。

③ 所有气体钢瓶必须装有减压阀。

（2）气体钢瓶的存放

① 压缩气体属一级危险品，尽可能减少存放在实验室的钢瓶数量，实验室内严禁存放氢气。

② 气体钢瓶应当靠墙直立放置，并采取防止倾倒措施；应当避免暴晒、远离热源、腐蚀性材料和潜在的冲击；同时钢瓶不得放于走廊与门厅，以防紧急疏散时受阻及其他意外事件的发生。

③ 易燃气体气瓶与助燃气体气瓶不得混合放置；可燃、易燃压力气瓶离明火距离不得小于 10m；易燃气体及有毒气体气瓶必须安放在室外，并放在规范的、安全的铁柜中。

（3）气体钢瓶的使用

① 打开减压阀前应当擦净钢瓶阀门出口的水和灰尘。钢瓶使用完，将钢瓶主阀关闭并释放减压阀内过剩的压力，需套上安全帽（原设计中无需安全帽的步骤除外）以防阀门受损。取下安全帽时必须谨慎小心，以免无意中打开钢瓶主阀。

② 不得将钢瓶完全用空（尤其是乙炔、氢气、氧气钢瓶），必须留存一定的正压力。

③ 气体钢瓶必须在减压阀和出气阀完好无损的情况下，在通风良好的场所使用，涉及有毒气体时应增加局部通风。

④ 在使用装有有毒或腐蚀性气体的钢瓶时，应戴防护眼镜、面罩、手套和工作围裙。严禁敲击和碰撞压力气瓶。

⑤ 氧气钢瓶的减压阀、阀门及管路禁止涂油类或脂类。

⑥ 钢瓶转运应使用钢瓶推车并保持直立，同时，关紧减压阀。

7. 离心机

在固液分离时，特别是分离粒度很小的固体颗粒悬浮液时，离心分离是一种非常有效的途径。使用时注意以下几点。

（1）在使用离心机时，离心管必须对称平衡，否则应用水作平衡物以保持离心机平衡旋转。

（2）离心机启动前应盖好离心机的盖子，先在较低的速度下进行启动，然后再调节至所需的离心速度。

（3）当离心操作结束时，必须等到离心机停止运转后再打开盖子，绝不能在离心机未完全停止运转前打开盖子或用手触摸离心机的转动部分。

（4）玻璃离心管要求的质量较高，塑料离心管中不能放入热溶液或有机溶剂，以免在离心时管子变形。

（5）离心的溶液一般控制在离心管体积的1/2左右，切不能放入过多的液体，以免离心时液体散逸。

8. 注射器

使用注射器时要防止针头刺伤及针筒破碎而伤害手部，针头和针筒要旋紧以防止渗漏。用过的注射器一定要及时洗净。无用的针筒应该先毁坏再处理，以防他人误用。

9. 冰箱和冰柜

实验室中的冰箱均无防爆装置，不适于存放易燃、易爆、挥发性溶剂。

（1）严禁在冰箱和冰柜内存放个人食品。

（2）所有存放在冰箱和冰柜内的低沸点试剂均应有规范的标签。

（3）放于冰箱和冰柜内的所有容器须密封，定期清洗冰箱及清除不需要的样品和试剂。

三、 实验室仪器设备损坏赔偿规定

1. 赔偿原则

凡在实验中，因不遵守实验室纪律或严重违反操作规程，而使仪器、设备、工具等物品遭受损失时，一律按规定赔偿，正常耗损不在赔偿范围之内。

2. 赔偿办法

（1）被损坏的物资经修复后仍能使用者，以维修费做赔偿计算依据。

（2）被损坏的物资无法修复或丢失者，则以原价的5％赔偿。

四、 材料化学实验课程的学习要求

材料化学基础实验课程的学习以学生动手操作为主，辅以教师必要的指导和监督。一个完整的材料化学实验过程应由实验预习、实验操作和实验报告三个主要部分组成。

1. 实验预习

与之前的基础课实验一样，在进行材料化学实验之前，首先要对整个实验过程有所了解，要带着问题进行实验预习，预习过程要做到看（实验教材和相关资料）、查（相关数据）、问（提出疑问）和写（写出预习报告和注意事项）。通过预习，应了解以下几方面的内容：

① 实验的目的和要求；

② 实验所涉及的基础知识、实验原理；

③ 实验的操作过程；

④ 实验所需的化学试剂、实验仪器和设备；

⑤ 实验过程中可能出现的问题和解决办法。

2. 实验操作

材料化学实验一般需要很长的时间，实验过程中应仔细操作、认真观察和记录。

（1）认真听实验指导老师的讲解，进一步明确实验原理、操作过程要点及注意事项。

（2）要爱护仪器设备，对不熟悉的仪器设备应先仔细阅读仪器的操作说明，了解操作规程，听从老师指导，未经允许不可随意动手操作，防止损坏或伤人。

（3）写好实验记录是实验工作中的一项基本功。实验过程中应认真仔细，注重细节，如实记录化学试剂的加入量、反应条件以及反应过程中出现的实验现象、得到的结果等。实验记录既要避免烦琐，又要防止空洞。所有的原始数据都应边做实验边准确地记录在预习报告上，而不要实验结束后再补记。更不要将原始数据记录在草稿纸或其他地方。记录过程中不能凭主观意愿删除认为不正确的数据，更不能随意涂改、拼凑或杜撰数据。

（4）实验过程中应该勤于思考，认真分析实验现象及相关数据；遇到反常的实验现象或疑难问题，应及时分析原因，或与同学讨论，或请教老师；经指导老师查阅实验记录，记录成绩后方可离开实验室。

（5）实验结束后，回收相应的实验试剂及实验产物，拆除实验装置，清洗用过的仪器，并放回原处，清理实验台面，废纸等杂物丢入垃圾篓内，注意节约使用水、电、试剂等，不要浪费。

3. 实验报告

实验结束后，应对实验数据进行处理，或对实验现象进行解释，独立完成实验报告，完成相应的思考题，结合实验过程，提出自己的见解和对实验的改进。写好实验报告，是实验训练的重要内容。要求实验报告正确、清晰、简明、深入。每次写实验报告，都是对相关内容的复习、巩固和提高。若有实验现象、数据、结论或计算不符合要求，或实验报告写得草率者，应重写报告。

（1）实验报告的格式要求

实验名称；

实验目的与要求；

实验原理；

实验试剂与仪器；

实验步骤与现象；

实验装置图；

实验结果与讨论；

思考题。

（2）实验报告编写要求

实验报告要求字迹端正、简明扼要、整齐清洁，实验表格的具体样式随实验内容的不同而异，作图要用坐标纸，粘在报告本里面相应的位置。

第二篇

基本技能训练

实验一 ▶▶

微波合成和水解阿司匹林
(乙酰水杨酸)

一、 实验目的

（1）了解并掌握微波合成新技术及有关反应原理。

（2）熟悉重结晶、熔点测定等操作。

二、 实验原理

乙酰水杨酸又称阿司匹林（aspirin），已被应用数百年，是世界医药史上三大经典药物之一，具有治疗感冒、抗风湿、促进痛风患者尿酸的排泄、聚集抗血小板、治疗胆道蛔虫及预防心血管疾病等多种用途。阿司匹林价格低廉、疗效显著、且防治疾病范围广，因此至今仍被广泛使用。人工合成乙酰水杨酸的历史已有百年，1859 年 Kolbe 用干燥的苯酚钠和二氧化碳在 4～7atm（1atm＝101.325kPa）下发生反应，合成水杨酸，乙酰水杨酸的大量合成则始于主要原料水杨酸的工业化生产。

实验室中乙酰水杨酸通常用水杨酸与乙酸类衍生物在一定的反应时间、温度、酸度、反应物用量的条件下通过亲核取代反应生成乙酰水杨酸。合成过程涉及水杨酸苯酚羟基的乙酰化和产品重结晶等操作，该合成被作为基本反应和操作练习编入大学有机化学实验教材中。其主要反应机理是：乙酸类衍生物接受亲核试剂水杨酸酚羟基上孤对电子的进攻，经过加成消去过程生成乙酰水杨酸。反应过程如下：在圆底烧瓶中加入一定量的水杨酸、乙酸酐和一定量的催化剂浓硫酸或浓磷酸，在80～90℃水浴下回流。反应完毕，将反应物趁热倒入一定体积的冷水中，得白色沉淀，用冰水浴冷却，使沉淀完全。反应应在水浴中加热并不断搅拌，温度不宜过高。如果在砂浴或电热板上加热会造成局部过热，增加副产物生成，副产物主要是黄色油状的双水杨酯和乙酰双水杨酯。如果加入酸的量较多，则产生少量高聚物造成产物不纯，为了除去这部分杂质，可将乙酰水杨酸溶于饱和碳酸氢钠溶液中变成钠盐，利用高聚物不溶于水的性质把它们分开。由此可知，虽然这些合成方法反应条件温和，但该工艺有副反应多、产品品质不好、设备腐蚀严重等弊端。同时，产生大量废液污染环境，不是绿色化学工艺。

自 1986 年加拿大的 Gedye 及其合作者等报道了用微波炉加热进行化学反应以来，微波技术以其低能耗、快速高效、高产率、产物易纯化和优异的选择性在化学合成方面日渐显露其优势。微波是指电磁波谱中位于远红外与无线电波之间的电磁波，其波长为 1mm～1m、频率为 300MHz～300GHz，工业和民用的频率一般是 2.45GHz。微波能量对材料有很强的穿透力，能对被照射物质产生深层加热作用。对微波加热促进有机反应的机理，目前较为普遍的看法是极性有机分子接受微波辐射的能量后会发生每秒几十亿次的偶极振动，产生热效应，使分子间的相互碰撞及能量交换次数增加，因而使有机反应速度加快。另外，电磁场对反应分子间行为的直接作用而引起的所谓"非热效应"，也是促进有机反应的重要原因。与传统加热法相比，其反应速度可快几倍甚至上千倍。目前微波辐射已迅速发展成为一项新兴的合成技术。和传统方法相比，微波反应实验具有反应时间短、产率高、损耗低及污染少等特点。

合成反应的原理如下：

反应过程的副产物：

水杨酸会自身发生缩合反应，形成一种聚合物，利用阿司匹林和碱反应生成水溶性钠盐的性质，可以和聚合物分离。

实验中还存在未反应的水杨酸，在最后重结晶过程中可被除去。水杨酸还较易氧化生成一系列醌式有色物质（黄色及蓝色至黑色物质），导致乙酰水杨酸的不稳定变色。

三、 仪器与试剂

1. 仪器

WP750 格兰仕微波炉，电子天平，烧杯（250mL），锥形瓶（100mL），冰水浴，减压过滤装置，量筒（50mL），移液管，表面皿，牛角勺，玻璃棒，熔点测定仪，红外光谱仪。

2. 试剂

水杨酸（AR），乙酸酐（AR），固体碳酸钠（CP），盐酸（CP），氢氧化钠溶液（CP），95％乙醇（CP），$FeCl_3$ 溶液（2％），活性炭。

四、 实验步骤

1. 微波辐射碱催化合成乙酰水杨酸实验

在 100mL 干燥的锥形瓶中加入 2.0g 水杨酸和 0.1～0.3g 固体碳酸钠，再用移液管加入 2.8mL（3.0g）乙酸酐，轻轻振荡混合均匀，放入微波炉中，在495W（中档）的微波辐射输出功率下，微波辐射20～40s，用2% $FeCl_3$ 溶液检验反应是否完全❶，直至反应完全。反应完全后取出锥形瓶，此时反应液清亮，温度为70～90℃。稍冷，加入约20mL pH＝3～4的盐酸水溶液，将混合物继续在冰水浴中冷却至结晶完全。减压过滤，用少量冷水洗涤晶体2～3次，抽干，得乙酰水杨酸粗产品。粗产品用乙醇水混合溶剂（1体积95%乙醇＋2体积水）约16mL重结晶，干燥得白色晶体状乙酰水杨酸❷（合成收率92%），其熔点为133～135℃。产品结构可用2% $FeCl_3$ 水溶液检验或红外光谱仪测试。

2. 微波辐射水解乙酰水杨酸实验

在100mL锥形瓶中加入2.0g水杨酸和40mL 0.3mol/L氢氧化钠水溶液，在495W（中档）的微波辐射输出功率下，微波辐射40s。冷却后，滴加6mol/L盐酸至pH值为2～3，置于冰水浴中令其充分析晶，减压过滤，水杨酸粗产品用蒸馏水重结晶（活性炭脱色），干燥得白色针状水杨酸，计算收率并测定熔点。

五、 结果与讨论

1. 微波辐射碱催化合成法的优点

通过正交实验，确定了微波辅助碱催化合成乙酰水杨酸的较优条件，以较优条件合成，与传统酸催化法进行比较结果见表1.1。

---

❶ 在表面皿中放入少量2% $FeCl_3$ 溶液，用细滴管蘸取一点反应液插入 $FeCl_3$ 溶液中，若出现紫色，表明还有水杨酸存在。如果时间过短，2% $FeCl_3$ 检查有明显的未反应的水杨酸，转化不充分，造成产品纯度不好，分离困难。如果时间过长或微波功率过大，会使反应体系的温度过高，形成黄色油状物，给分离带来困难，且产率大大降低。

❷ 乙酰水杨酸为白色针状或片状晶体，熔点：136℃，易溶于乙醚、苯、热乙醇，难溶于冷水。

表 1.1　微波辅助碱催化法与传统酸催化法的比较

合成方法	$W_{水杨酸}$/g	$V_{乙酸酐}$/g	$n_{酸}$∶$n_{酐}$	催化剂	反应时间	产量/g	合成收率%
传统酸催化法	2.0	5.0	1.0∶3.6	H_2SO_4（5 滴）	10min	1.5	57.5
微波辅助碱催化法	2.0	2.8	1.0∶2.0	Na_2CO_3（0.1g）	40s	2.4	92.0

从表 1.1 可知，微波辅助碱催化法具有明显的优点：反应时间短、酸酐用量少和合成收率高。获得较好结果的原因是碱催化法可避免副产物（主要是聚水杨酸）的生成，微波辅助技术则大大提高了反应速率。若增大微波辐射功率，反应时间更短，但从安全角度考虑，应选择中等功率的微波辐射进行实验。

2. 微波辅助水解法的优点

根据乙酰水杨酸水解反应参数计算可知，在过量碱存在下，35℃时，乙酰水杨酸完全水解需要 1h，在 100℃时只需 10min。采用微波辐射水解，可很好地发挥微波辐射加热速度快、加热均匀的优势。实验结果表明，当输出功率为 495W 时，微波辐射仅 40s，水解反应产率近 100%。用蒸馏水加活性炭重结晶纯化，得水杨酸针状晶体（回收率约 80%）。这一反应可将基础实验中制备的乙酰水杨酸产品回收再利用，避免浪费和污染环境，同时也能研究微波合成技术。

六、　实验操作注意事项

（1）合成乙酰水杨酸的原料水杨酸应当是干燥的，乙酸酐应是新开瓶的。如果打开使用过且已放置较长时间的乙酸酐，使用时应当重新蒸馏，收集 139～140℃的馏分。

（2）乙酰水杨酸易受热分解，因此熔点不是很明显，它的分解温度为 128～135℃，熔点文献值为 136℃。测定熔点时，应先将载体加热至 120℃左右，然后再放入样品测定。

（3）不同品牌的微波炉所用的微波条件略有不同，微波条件的选定

以使反应温度达 $80\sim90℃$ 为原则。使用的微波功率一般选择在 $450\sim500W$ 之间,微波辐照时间为 $20\sim40s$。此外,微波炉不能长时间空载或近似空载操作,否则可能损坏磁控管。

(4) 酯化反应温度在 $80℃$ 左右,太高的温度乙酰水杨酸会发生分解,分解温度为 $128\sim135℃$。

(5) 加冰水的过程温度的控制很关键,本次实验是采用分次振荡加入的方法。反应结束第一次加冰水时需小心少量多次加入,乙酸酐分解,放热,蒸气溢出,最好在通风橱中操作。

(6) 加入饱和碳酸钠溶液时要一边加一边搅拌,以避免产生大量气泡,需少量多次加完。

(7) 用盐酸酸化后,如果没有固体析出,可以测一下 pH 值,最佳为 $2\sim2.4$。

(8) 当用有机溶剂重结晶时,为防止溶剂蒸气散发或火灾事故的发生,应避免明火,以防着火。

(9) 水杨酸是一个双官能团化合物(具有酚羟基与羧基),会发生两种酯化反应,其中一种就是自身缩合反应,为了使酰化反应进行的程度更大一些,乙酸酐应该过量,同时,乙酸酐还起着有机溶剂的作用,且乙酸酐在取用过程中会挥发造成部分损失。

七、 思考题

(1) 制备乙酰水杨酸时反应试剂瓶为什么必须是干燥的?

(2) 微波辐射碱催化合成乙酰水杨酸时,副产物是什么?

参考文献 ➡➡

[1] 常慧,杨建男.微波辐射快速合成阿司匹林.化学试剂,2000,22(5):313-317.

［2］曾宪诚，李干佐．乙酰水杨酸在 CTAB 胶束溶液中的水解反应．化学研究与应用，1993，5（1）：50-54．

［3］杨小钢．介绍一个有机化学实验——微波辅助合成和水解乙酰水杨酸．大学化学，2010（4）：54-56．

实验二 ▶▶

玻璃化学稳定性(耐水性)的测定

一、 实验目的

(1) 进一步理解玻璃被侵蚀的机理。

(2) 掌握常用的测定玻璃耐水性的方法。

二、 实验原理

玻璃的化学稳定性,也叫安定性、耐久性或抗蚀性,是指玻璃在各种自然气候条件下抵抗气体(包括大气)、水、细菌和在各种人工条件下抵抗各种酸液、碱液或其他化学试剂、药品溶液侵蚀破坏的能力。

玻璃的化学稳定性是其重要性质,也是衡量玻璃制品质量的一个重要指标,因为任何玻璃制品都需要具有一定的化学稳定性。当玻璃的化学稳定性差时,玻璃制品就不能使用。例如,平板玻璃在仓库存放或在运输过程中会因受潮而粘片;光学仪器的玻璃零件会因发霉生斑而影响透光性和成像质量,严重时甚至使整个仪器报废;实验中使用的玻璃化学仪器会因受酸、碱、盐的侵蚀而影响分析结果;一些生活用品,如保温瓶等会因受水的作用成片脱落而影响人体健康,特别是医用药瓶、安瓶、盐水瓶等会因玻璃溶入药液中而影响药液的质量,甚至会危及生命。因此,在这些产品的生产中必须严格地测定其化学稳定性,化学稳定性不合格的玻璃制品不能出厂使用。

侵蚀介质对玻璃的破坏过程是很复杂的。就一般情况而论,当玻璃与侵蚀介质接触时，破坏机理可分为溶解和浸析两大类。当溶解发生时，玻璃各组分以其在玻璃中存在的比例同时进入溶液（例如氢氧化物溶液、磷酸盐溶液、碳酸盐溶液、磷酸或氢氟酸等溶液）中，这种侵蚀也叫完全侵蚀。当浸析发生时，只是玻璃中的某些组分溶入溶液中，其余部分残留在玻璃表面而形成化学稳定性较高的保护膜，玻璃的骨架没有被破坏。

玻璃制品经常遇到的介质有气体与液体。气体有 CO_2、SO_2 等；液体有水（包括潮湿空气中的水蒸气）、酸液、碱液和盐类溶液等。下面简单讨论各液体介质对玻璃的侵蚀。

1. 水对玻璃的侵蚀

从实验可知，各种酸、碱、盐的水溶液对玻璃产生破坏作用时，都是水先与玻璃表面起反应。因此可以说水是玻璃最大的"敌人"。就目前情况而言，水能与任何一种玻璃作用，只是程度不同而已。从微观角度来看，玻璃的内部是比较空旷的。即玻璃网络结构内有很大空隙。因此，当玻璃与侵蚀介质接触时，介质的某些分子或离子能从玻璃表面进入玻璃内部与其中的某些离子进行交换或者同玻璃结构网络发生反应。反应结果为，玻璃表面的 Si—O 键断裂，形成硅醇（—OH）基团，随着这一水化反应的继续，Si 原子周围原有的四个桥氧全部成为—OH，这就是 H_2O 分子对硅氧骨架的直接破坏。当水进一步作用时，在玻璃表面将形成一层均匀的高硅酸薄层，俗称硅酸凝胶膜，这层薄膜具有一定的坚固性，同时又具有很强的吸附能力，使玻璃的进一步破坏过程减慢，故成为保护膜。水对玻璃的作用时间越长，生成的保护膜越厚，破坏的过程就越慢。所以水对硅酸盐玻璃的侵蚀作用只是在最初一个阶段比较显著，随着侵蚀过程的进行，玻璃的抗水能力便逐步增强。在到达一定时间后，侵蚀作用基本停止。

水对不同成分的玻璃侵蚀情况不同。硅酸盐玻璃在水中的溶解过程比较复杂，水对玻璃的侵蚀开始于水中的 H^+ 和玻璃中的 Na^+ 进行离子交换，其反应为：

$$\overset{|}{\underset{|}{Si}} \!-\! O \!-\! Na + H^+ + OH^- \xrightarrow{\ 交换\ } \overset{|}{\underset{|}{Si}} \!-\! OH + NaOH \qquad (2.1)$$

这一交换又引起下列反应：

$$\overset{|}{\underset{|}{Si}} \!-\! OH + \frac{3}{2}H_2O \xrightarrow{\ 水化\ } HO \!-\! \overset{OH}{\underset{OH}{Si}} \!-\! OH \qquad (2.2)$$

$$Si(OH)_4 + NaOH \xrightarrow{\ 中和\ } [Si(OH)_3O]^- Na^+ + H_2O \qquad (2.3)$$

反应（2.3）的产物为硅酸钠，其电离度低于 NaOH 的电离度。因此这一反应使溶液中 Na^+ 浓度降低，促使反应（2.2）进行。这三个反应互为因果，循环进行，而总的反应速度取决于离子交换反应式（2.1），因为它控制着 Si—OH 和 NaOH 的生成速度。

另外 H_2O 分子区别于 H^+，也能与硅氧骨架直接起反应。

$$\overset{|}{\underset{|}{Si}} \!-\! O \!-\! \overset{|}{\underset{|}{Si}} + H_2O = 2\left(\overset{|}{\underset{|}{Si}} \!-\! OH \right) \qquad (2.4)$$

随着这一水化反应继续，Si 原子周围原有的四个桥氧全部成为 OH^- 形成 $Si(OH)_4$，这是 H_2O 分子对硅氧骨架的直接破坏。反应产物 $Si(OH)_4$ 是一种极性分子，它能使周围的水分子极化，而定向地附着在自己周围成为 $Si(OH)_4 \cdot nH_2O$ 或写成 $SiO_2 \cdot xH_2O$，这是一个高度分散的 SiO_2—H_2O 系统，通常称为硅酸凝胶。除有一部分溶于水溶液外，大部分附着在玻璃表面，形成一层薄膜。它具有较强的抗水和抗酸能力，因此，有人称之为"硅胶保护膜"，并认为保护膜层的存在使 Na^+ 和 H^+ 的离子扩散受到阻挡，离子交换反应速度越来越慢，以致停止。但许多实验证明 Na^+ 离子和 H_2O 分子在凝胶层中的扩散速度比在未被侵蚀的玻璃中要快得多。其原因是：

① Na^+ 被 H^+ 代替，H^+ 半径远小于 Na^+ 半径，从而使结构变得疏松；

② 由于 H_2O 分子破坏了网络，也有利于扩散。因此，硅酸凝胶薄膜并不会使扩散变慢。进一步侵蚀变慢以至停顿的原因是在薄膜内的一定厚度中 Na^+ 已很缺乏，见反应式（2.1），而且随着 Na^+ 含量的降低其他成分如 R^{2+}（碱土金属或其他二价金属离子）的含量相对上升，这些二价阳离子对 Na^+ 的"抑制效应"加强，因而使 H^+ 与 Na^+ 离子交换缓慢，在玻璃表面层中反应式（2.1）几乎不能继续进行，从而使

反应式（2.2）和（2.3）侵蚀也相继停止。结果使玻璃在水中的溶解量几乎不再增加，水对玻璃的侵蚀也就停止了。

对于 Na_2O—SiO_2 系统的玻璃，则在水中的溶解将长期继续下去，直到 Na^+ 几乎全部被侵蚀出为止。但在含有 RO、R_2O_3、RO_2 等三组分或多组分系统玻璃中，由于第三、第四等组分的存在，对 Na^+ 的扩散有巨大影响。它们通常能阻挡 Na^+ 的扩散，且随 Na^+ 相对浓度（相对于 R^{2+}、R^{3+}、R^{4+} 的含量）的降低，所受阻挡越大，扩散越来越慢，以至几乎停止。

2. 酸对玻璃的侵蚀

酸对玻璃的侵蚀机理与水不同，酸（特别是稀酸）中有许多活动能力较强的 H^+，它的平均直径只有 0.001nm，而玻璃网络空隙的平均直径是 0.3nm，这样大的孔隙对 H^+ 来说是畅通无阻的。当 H^+ 的浓度较高时，H^+ 可以深入到玻璃较深的内部去置换金属阳离子，因而玻璃被侵蚀的深度要比在水中深得多。酸根离子的尺寸较大，不容易扩散进入玻璃内部，只能同 H^+ 交换出来的阳离子生成盐来影响侵蚀过程。一方面，酸分子是不直接与玻璃作用的；另一方面，酸溶液能同 H^+ 侵蚀玻璃后生成的水解产物（氢氧化物）形成易溶的盐类，这使玻璃的溶解速度大大增加。由于这两个原因，酸对玻璃的侵蚀要比水厉害得多。但是，由于水解深度的增加，所生成的保护膜也增厚，可达数十纳米。所以，玻璃也具有抵抗酸侵蚀破坏的能力，只是比抗水能力差些。

3. 碱对玻璃的侵蚀

碱液对玻璃的侵蚀过程比较复杂，首先是碱液中的水与玻璃表面作用，生成保护膜，然后是碱与保护膜起反应，水解反应继续进行，所以，玻璃将不断地受到破坏。另外，碱液中有大量的 OH^-，它可以通过水侵蚀玻璃表面深入到玻璃内部与玻璃网络结构起反应。OH^- 破坏了玻璃的网络骨架，使玻璃的整体瓦解。所以，对于水、酸、碱三种侵蚀液，玻璃的耐碱性是最差的。

4. 盐溶液对玻璃的侵蚀

有些盐溶液也能与玻璃作用，有的侵蚀能力甚至超过氢氧化物很多倍。

碳酸盐对玻璃的侵蚀机理与氢氧化物相似，当玻璃与碳酸盐（RCO_3）溶液接触时，首先是水与玻璃表面起反应，生成氢氧化物和硅酸凝胶。其中氢氧化物遇到 CO_3^{2-} 后将进行如式（2.5）的反应。

$$R^{2+} + CO_3^{2-} \longrightarrow RCO_3 \downarrow \qquad (2.5)$$

这个反应有利于玻璃的溶解。所以，与等当量的氢氧化物对玻璃的腐蚀能力相比，碳酸盐具有更大的破坏性，例如用 $Na_2CO_3 + NaOH$ 混合液侵蚀玻璃要比单独使用 NaOH 或者 Na_2CO_3 溶液侵蚀玻璃厉害得多。窗户上的玻璃安装时间较长时会出现彩虹（侵蚀斑）。该现象也是基于这个道理：当窗户上的玻璃吸附空气中的水分使玻璃表面水化生成苛性碱以后，如果空气中有 CO_2 则会生成 Na_2CO_3 堆积在玻璃表面上，Na_2CO_3 再吸收空气中的水分而潮解，生成浓的碱式碳酸盐小液滴，在玻璃表面就形成很深的侵蚀斑。

此外，磷酸盐溶液也能侵蚀玻璃，而且比碱液厉害几十倍。因为磷酸盐能使水解后产生的硅酸凝胶膜生成可溶性的硅磷酸盐，直接破坏了玻璃的保护膜。

从以上讨论可见，不论酸、碱或盐类溶液对玻璃作用如何，首先都是由水中的 H^+、H_3O^+ 置换玻璃表面或内部的金属阳离子开始的。因此，对水的抗蚀性能是不同玻璃制品的共同要求。

5. 粉末法测定玻璃耐水性的原理

粉末法可以说是一种万能的方法，因为这种方法可以测定各种玻璃制品的化学稳定性（不管什么形状都可加工成粉末试样）。粉末法的实质是将具有一定颗粒度的试样，在某种侵蚀剂的作用下，于某一特定温度时保持一定的时间，然后测定粉末损失的重量，或用一定的分析手段测定玻璃转移到溶液中的成分的含量。

粉末法的优点是简单快速。因为试验样品是粉末，玻璃比表面积大，增大了与侵蚀剂的作用面积，而提取组分的量也足够大，可以消除某些偶然因素的影响。粉末法的不足是容易受表面积大小、温度、溶剂用量等因素的影响，因而测定精确度比较差。若不做细心的准备工作，遵守所有规程，便难以获得精确的结果。

三、 仪器与试剂

1. 仪器

锤子，硬质钢研钵，磁铁（棒形或马蹄形），瓷研钵，镊子，筛子（孔径为 0.3mm 和 0.5mm 的标准筛），电烘箱，干燥器，水浴锅，冷凝管，锥形瓶，温度计，带塞容量瓶，酸式滴定管 1 支（5mL，刻度为 0.02mL）。

2. 试剂

无水乙醇，中性蒸馏水（新鲜的、去气、存放不超过 24h），甲基红指示剂，标准盐酸（0.01mol/L）。

四、 实验步骤

1. 玻璃粉末的制备

取按日常生产方法进行退火、已消除应力的玻璃块（其厚度大于 1.5mm）50g，用布把玻璃表面擦干净，再用干净的纸包上，用锤子把试样敲碎；选取 30g 以上直径在 10～30mm 之间的玻璃块。放入硬质钢研钵中，插入研杆，用锤猛击一下研杆。应当注意，若锤击次数过多，会产生过细的粉末。锤击之后，将研钵内的玻璃粉末用 0.5mm 和 0.3mm 标准筛过筛，过筛后，将 0.5mm 标准筛上的玻璃放入研钵中粉碎，过筛，如此操作数次，直到留在 0.3mm 标准筛上的玻璃粉末达到 15g 左右为止，最后移去 0.5mm 的标准筛，再剧烈筛 5min。

如果没有如图 2.1 所示的硬质钢研钵，也可用瓷研钵来加工玻璃粉末，方法如下。

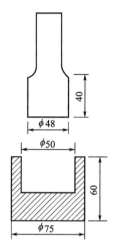

图 2.1　硬质钢研钵和研杆（单位：mm，图中尺寸供参考使用）

取 100g 的玻璃在瓷研钵中研细。因玻璃颗粒表面的大小影响实验结果的准确性，因此，为提高测定结构的准确度，要求玻璃颗粒表面尽可能相等，即要求球形颗粒。为此，制备试样时应采用薄玻璃块，用弱撞击的方法粉碎，玻璃碎块应在大研钵中研磨，研杆应在研钵中做圆周运动，这样可以使玻璃块免受冲击而形成片状体。玻璃块研细后，过孔径为 0.5mm 和 0.3mm 的标准筛，筛掉粒径大于 0.5mm 和小于0.3mm 的颗粒，取 0.3～0.5mm 粒级的颗粒作为试样，过筛时最好用机械筛而不用人工筛。因为机械筛能加快筛分的速度，并能得到较均匀的粒级。此外，过筛时应先过大孔筛，后过小孔筛，过筛时间不宜过长，否则会造成大量的粉尘。

玻璃粉末分级后应用镊子仔细地选择球形颗粒，去掉扁平的或带有玻璃末的颗粒。为此，可将所得的玻璃粉末撒到倾斜放置的木板或胶合板上，然后轻轻敲击木板，球形颗粒便向下滚动，而扁平颗粒便被阻滞下来，按以上方法重复 2～3 次，就可获得较为均匀的球形颗粒。至于有粉壳的玻璃，可将粉末放到底部照明的乳白玻璃板上观察，不透明的与暗颜色的颗粒就是有缺陷的玻璃。这些颗粒可用镊子除掉。将约 10g筛选出来的 0.3～0.5mm 的玻璃粉末放在光滑的白纸上，摊平，用磁铁在上面反复移动，吸去研钵上落下的铁屑，直至磁铁上不再出现铁屑为止。用瓷研钵研磨的粉末，此操作可省去不做。

为了除去颗粒上的细末，可用不与玻璃作用的液体（如乙醇）进行洗涤，在洗涤过程中应避免剧烈振动，以免形成过细分散的玻璃粒级。洗涤好的粉末应放入电烘箱内，在 $100\sim110℃$ 下干燥至恒重（要求两次称重过程中试样总重量误差不超过 0.5mg）。干燥结束后试样移入干燥器中冷却至室温（即与天平周围的温度相同），待用。

2. 耐水等级的测定

（1）往恒温水浴锅内加入足量的水，通电加热至沸待用。实验仪器的组装如图 2.2 所示。

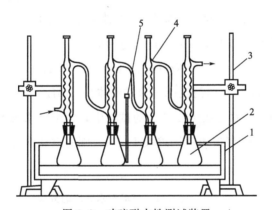

图 2.2 玻璃耐水性测试装置

1—水浴锅；2—容量瓶；3—铁架台；4—冷凝管；5—温度计

（2）在分析天平上准确称取处理后的试样 2 份，每份 2g（精确至 0.002g），分别放入 2 个 50mL 的容量瓶内，用蒸馏水冲洗瓶壁上的样品，使之流入瓶底，再加入蒸馏水至瓶的刻度线。此外，另取 2 只 50mL 容量瓶，加蒸馏水至刻线，其中用一只作空白试验，另一只插上温度计，用来控制温度。

（3）上述 4 个容量瓶平稳地浸入沸水浴中，浸入深度以超过刻度为限，如图 2.2 所示。加快升温速度，使容量瓶内温度在 3min 内达到 $(98\pm0.5)℃$，盖上盖子，连续加热 60min，在加热过程中，瓶内温度应保持 $(98\pm0.5)℃$。

（4）将容量瓶从热水浴中取出，打开瓶塞，将瓶浸入冷水浴中迅速冷却至室温，并用蒸馏水补齐至瓶的刻线，盖上盖子，摇匀后静置5min，使样品颗粒下沉，得到上层清液。

（5）移液管从每只容量瓶中移取25mL清液，放入相应的锥形瓶内，各加入2滴甲基红溶液，用0.01mol/L盐酸标准溶液滴定至微红色，分别记下所耗用0.1mol/L标准盐酸溶液的体积（mL）。

（6）用与步骤（5）同样的方法确定空白溶液所耗用的标准盐酸的体积（mL）。

五、 结果与讨论

从得到的三个试样测定值中分别减去空白值，然后计算出平均值，即得到结果。如果要相应碱析出量的数据，可按下式计算：

$$Na_2O(\mu g/g) = 310V_{(HCl)}$$

式中　$V_{(HCl)}$——所消耗标准盐酸的体积，mL。

假如在耐水等级为1和2的试样中，每个结果与平均值的误差大于±10％，3～5级玻璃中误差大于5％，则需重新测定。玻璃的耐水等级由表2.1确定。

表 2.1　玻璃耐水等级的分级

玻璃耐水等级	每克玻璃粉末耗用0.01mol/L盐酸溶液的量/mL	每克玻璃粉末的氧化钠浸出量/μg
1	0.10 以下	31 以下
2	0.10 以上至 0.20	31 以上至 62
3	0.20 以上至 0.85	62 以上至 264
4	0.85 以上至 2.0	264 以上至 620
5	2.0 以上至 3.5	620 以上至 1035

如果试验样品的厚度小于1.5mm或者在20℃，玻璃的密度大于2700kg/m³或小于2300kg/m³时，这些数据应记录在实验报告中。为保持试样表面一致，此试样每份应称取的质量改为0.8×玻璃的密度。实验结果可按表2.2的格式记录。

表 2.2　实验结果记录

试样编号	耗用 0.01mol/L 盐酸的体积/mL		析出 Na$_2$O 的量/μg		水解等级
	单个试样	平均值	单个试样	平均值	
1					
2					
3					

六、　实验操作注意事项

（1）最好每次滴定都从 0.00mL 开始，或接近零的任一刻度开始，这样可以减少滴定误差。

（2）滴定时，左手不能离开旋塞，而任由溶液自流。

（3）摇瓶时，应微动腕关节，使溶液向同一方向旋转（左、右旋转均可），不能前后或左右振动，以免溶液溅出。不要因摇动使瓶口碰在管口上，以免造成事故。

（4）滴定时，要观察滴落点周围颜色的变化。不要去看滴定管上的刻度变化，而不顾滴定反应的进行。

（5）滴定操作结束后管内溶液不要倾倒。

七、　思考题

（1）玻璃的化学稳定性一般有哪些测定方法？用什么标准来衡量玻璃化学稳定性的好坏？

（2）酸、碱、盐对玻璃制品的侵蚀机理？

（3）粉末法测定耐水性，主要误差来源是什么？

（4）其他无机非金属材料化学稳定性用什么方法测试？

（5）影响玻璃化学稳定性的因素有哪些？在做本实验时，如何才能获得比较准确的结果？

（6）用盐酸进行滴定时，盐酸用量可能有偏高的现象，为什么？

（7）玻璃的耐水性有几种，各用什么方法测定？

（8）你认为玻璃的耐酸性应如何测定？

（9）玻璃化学稳定性测定的实质是什么？

参考文献 →》

[1] 西北轻工业学院．玻璃工艺学．陕西：中国轻工业出版社，2006.

[2] 周艳艳，王新伟，裴春燕．影响光学玻璃化学稳定性测定结果的因素分析．长春理工大学学报（自然科学版），2007（1）：95-97.

[3] 王承遇．玻璃制造工艺．北京：化学工业出版社，2006.

[4] 卓敦水．减少玻璃化学稳定性粉末失重法测定误差的方法．玻璃与搪瓷，1993（2）：19-22.

[5] 段仁官，梁开明．玻璃稳定性判据研究．无机材料学报，1997（3）：257-264.

[6] 程金树，刘启明．提高浮法玻璃化学稳定性的研究与进展．玻璃，2008（2）：9-11.

实验三 ▶▶

沉淀法制纳米碳酸钙

一、 实验目的

(1) 了解化学方法制备纳米碳酸钙原理。

(2) 熟悉纳米粉末表征方法。

二、 实验原理

碳酸钙是一种重要的无机化工产品。由于其具有价格低、原料来源广、无毒无害等显著优点，被广泛应用于橡胶、塑料、造纸、涂料、建材、油墨、食品、医药、日用化工、纺织、饲料等行业的生产加工中。不同行业对碳酸钙产品的质量有着不同的控制指标。这些质量控制指标一般可以分为两大类，一是化学指标，一是物理指标。

(1) 化学指标

就化学指标而言主要是指碳酸钙的纯度，如是否含铁、锰杂质等，这类指标比较容易达到，只要选定了品位合格的石灰石矿，在产品中数值波动范围就不会很大。

(2) 物理指标

物理指标包括产品的形态、粒度范围、沉降比、体积、比表面积等，该类指标不容易达标，究其原因主要是在产品制备过程中，产品结晶粒子大小、粒度分布、结晶形态等容易产生差异，其中产品碳酸钙的沉降比是碳化过程的一个重要目标函数，同时也是碳酸钙产品质量的一个重要指标。纳米碳酸钙由于具有纳米材料的基本特性如表面效应、量子效应、小尺寸效应等，性能较优越。

纳米碳酸钙用于塑料中与树脂亲和性好，可有效增加或调节材料刚性、韧性及弯曲强度等，并可改善塑料加工体系的流变性能，降低塑化温度，提高制品尺寸稳定性、耐热性及表面光洁性；在天然橡胶、顺丁橡胶、丁苯橡胶等橡胶体系中，容易混炼，分散均匀，并可使胶质柔软，还能提高压出加工性能和模型流动性，使橡胶制品具有表面光滑、伸长率大、抗张强度高、永久变形小、耐弯曲性能好、耐撕裂强度高等特点。

由于纳米碳酸钙具有表面改性及疏油性、光泽度高、磨损率低，可填充于聚氯乙烯、聚丙烯和酚醛塑料等聚合物中，被广泛应用于聚氯乙烯型材，管材，电线、电缆外皮胶粒、薄膜（压延膜）的生产，鞋业制造等；还适用于聚丙烯、聚乙烯、聚碳酸酯等塑料改性。由于活性纳米碳酸钙表面亲油疏水，与树脂相容性好，能有效提高或调节制品的刚性、韧性、光洁度以及弯曲强度；改善加工性能，改善制品的流变性能、尺寸稳定性能、耐热稳定性，具有填充及增强、增韧的作用，能取代部分价格昂贵的填充料及助剂，减少树脂的用量，降低产品生产成本，提高产品市场竞争力。

在涂料工业中纳米碳酸钙可作为颜料填充剂，其具有细腻、均匀、白度高、光学性能好等优点。纳米碳酸钙还具有空间位阻效应，在制漆中，能使配方密度较大的立德粉悬浮，起防沉降作用。制漆后，漆膜白度增加，光泽度高，而遮盖力却不下降，这一特性使其在涂料工业中被大量推广应用。

纳米碳酸钙可作为涂布加工纸的原料，特别是用于高级铜版纸。由于它分散性能好，黏度低，能有效提高纸的白度和不透明度，改进纸的平滑度、柔软度，改善油墨的吸收性能，提高保留率。

作为填料，纳米碳酸钙可替代价格较高的胶质钙，提高油墨的光泽度和亮度。

纳米碳酸钙还用于饲料行业，可作为补钙剂，增加饲料的含钙量；在化妆品中使用，可替代钛白粉。

纳米碳酸钙的形成是一个结晶过程，见式（3.1）、式（3.2）。

$$CaO + H_2O \longrightarrow Ca(OH)_2 \qquad\qquad (3.1)$$

$$Ca(OH)_2 + CO_2 \longrightarrow CaCO_3 \downarrow + H_2O \qquad\qquad (3.2)$$

随着 $Ca(OH)_2$ 中加入 CO_2，形成 $CaCO_3$ 的过饱和溶液，由于局部温度起伏（放热反应）和浓度起伏而形成晶核。$Ca(OH)_2$ 吸收 CO_2 形成 $CaCO_3$ 的反应极为迅速，整个反应的主要控制因素是晶核的形成和晶粒的生长。在反应初期的过饱和溶液中，大量 $CaCO_3$ 均相成核，形成的非晶态碳酸钙粒子活性极高，它们会吸附到 $Ca(OH)_2$ 颗粒周围：一方面会降低 $Ca(OH)_2$ 与 CO_2 的反应速率；另一方面利用 $Ca(OH)_2$ 颗粒形成中间体。由于非晶态碳酸钙粒子的不稳定性，它们很快发生晶形转变，产生 $CaCO_3$ 晶粒。在此反应过程中，可加入添加剂使晶体稳定存在。随着反应的进行，线型中间体不断溶解、消失，晶粒不断长大，成为具有一定粒度和形貌的粒子。在反应过程中，可控制的条件有：

① 氢氧化钙的浓度；

② 二氧化碳的加入量；

③ 反应时间；

④ 添加剂的种类、数量和添加时间；

⑤ 搅拌速度等。

三、 仪器与试剂

1. 仪器

二氧化碳钢瓶，三口瓶，导气管，桨式搅拌器，胶塞，恒温水浴箱，搅拌电机，调压器，抽滤装置，研钵，标准筛，pH 试纸，透射电镜。

2. 试剂

二氧化碳，氧化钙，蒸馏水，乙二胺四乙酸（EDTA），三氯化铝。

四、 实验步骤

(1) 先将 25g 氧化钙与 1000g 蒸馏水在三口瓶中配成悬浮液，

$$CaO + H_2O \longrightarrow Ca(OH)_2 \qquad (3.1)$$

该反应属于放热反应，充分搅拌后，过 200 目标准筛。

(2) 过筛后，将产物重新倒入三口瓶中，待温度降至 30℃ 以下时，加入乙二胺四乙酸晶形控制剂，边搅拌边通入二氧化碳气体进行反应，反应温度控制在 10～30℃。

(3) 待溶液呈黏稠状时，加入 0.5g $AlCl_3$，继续通入二氧化碳进行反应，直至溶液 pH 值为 7～8 为止。

(4) 抽滤，烘干，研磨，过筛，得到成品（反应时间共 3～4h）。

五、 结果与讨论

(1) 碳酸钙的产率：_____。

(2) 通过 TEM 观察所制得的碳酸钙的形貌，并计算径向尺寸。

六、 实验操作注意事项

二氧化碳钢瓶是一种储存二氧化碳气体的工具，如图 3.1 所示，型号规格有多种类型，不同的类型适用于不同的行业，但使用方法大同小异。由于二氧化碳气体的存放有一定的要求，所以必须严格遵循使用说明，具体使用方法如下。

(1) 使用前检查连接部位是否漏气，可涂上肥皂液进行检查，调整至确实不漏气后再进行实验。使用时先逆时针打开钢瓶总开关，观察高压表读数，记录高压。

(2) 使用时先逆时针打开钢瓶总开关观察高压表读数，记录高压瓶内总的二氧化碳压力，然后顺时针转动低压表压力调节螺杆，使其压缩主弹簧将活门打开。这样进口的高压气体由高压室经节流减压后进入低压室，并经出口通往工作系统。使用后，先顺时针关闭钢瓶总开关，再逆时针旋松减压阀。

图 3.1　二氧化碳钢瓶

七、思考题

(1) $AlCl_3$ 的作用是什么？

(2) 反应时为什么要控制温度，温度对产品有什么影响？

参考文献 ➙➤

[1] 韩雪，荆友乙，周晓燕，等．沉淀法制备纳米碳酸钙．山西化工，2006，26 (4)：24-25.

[2] 姜鲁华，杜芳林，张志焜，等．纳米碳酸钙的制备及应用进展．中国粉体技术，2002 (1)：28-33.

实验四 ▶▶

溶胶-凝胶法制备纳米二氧化钛并测定其粒度分布

一、 实验目的

(1) 掌握溶胶-凝胶法制备纳米粒子的原理。

(2) 了解纳米粒子粒度测定方法及意义。

(3) 掌握激光粒度仪基本使用方法。

二、 实验原理

(一) 溶液-凝胶法

1869 年丁铎尔（Tyndall）发现，若令一束聚光通过溶胶，从侧面（即与光束垂直的方向）可以看到一个发光的圆锥体，这就是丁铎尔效应，如图 4.1 所示。其他分散体系也会产生一点散射光，但远不如溶胶显著。丁铎尔效应实际上已成为判别溶胶与分子溶液的最简便的方法。

溶胶-凝胶法（Sol-Gel 法）是以无机物或金属醇盐作前驱体，在液相中将这些原料均匀混合，并进行水解、缩合化学反应，在溶液中形成稳定的透明溶胶体系，溶胶经陈化，胶粒间缓慢聚合，形成三维空间网络结构的凝胶，凝胶网络间充满了失去流动性的溶剂，经过干燥、烧结固化制备出分子乃至纳米亚结构的材料。反应过程如图 4.2 所示。近年来，溶胶-凝胶技术在玻璃、氧化物涂层和功能陶瓷粉料，尤其是传统方法难以制备的复合氧化物材料、高临界温度（T_c）氧化物超导材料

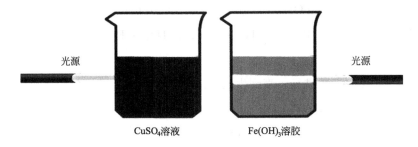

CuSO₄溶液　　　Fe(OH)₃溶胶

图 4.1　丁铎尔效应

的合成中均得到成功的应用。

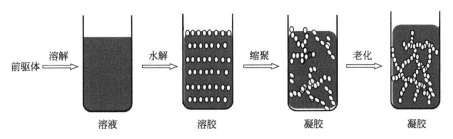

图 4.2　溶胶-凝胶反应过程

溶胶-凝胶法与其他方法相比具有许多独特的优点：

① 由于溶胶-凝胶法中所用的原料首先被分散到溶剂中而形成低黏度的溶液，因此，就可以在很短的时间内获得分子水平的均匀性，在形成凝胶时，反应物之间很可能是在分子水平上被均匀混合；

② 由于经过溶液反应步骤，很容易均匀定量地掺入一些微量元素，实现分子水平上的均匀掺杂；

③ 与固相反应相比，化学反应更容易进行，而且仅需要较低的合成温度，一般认为溶胶-凝胶体系中组分的扩散在纳米范围内，而固相反应中组分的扩散是在微米范围内，因此反应容易进行，温度较低；

④ 选择合适的条件可以制备各种新型材料。

但是，溶胶-凝胶法也不可避免地存在一些问题，例如：原料金属醇盐成本较高；有机溶剂对人体有一定的危害性；整个溶胶-凝胶过程所需时间较长，常需要几天或几周；可能存在残留小孔洞和残留的碳；在干燥过程中会逸出气体及有机物，并产生收缩。

溶胶-凝胶法制备 TiO_2 纳米粒子是通过钛酸四丁酯的水解和缩聚反应来实现的，其分步水解方程式为：

$$\text{Ti(OR)}_n + \text{H}_2\text{O} \longrightarrow \text{Ti(OH)(OR)}_{n-1} + \text{ROH} \qquad (4.1)$$

$$\text{Ti(OH)(OR)}_{n-1} + \text{H}_2\text{O} \longrightarrow \text{Ti(OH)}_2\text{(OR)}_{n-2} + \text{ROH} \qquad (4.2)$$

$$\cdots\cdots$$

反应持续进行，直到生成 Ti(OH)_n。

缩聚反应：

$$-\text{Ti}-\text{OH} + \text{HO}-\text{Ti} \longrightarrow -\text{Ti}-\text{O}-\text{Ti} + \text{H}_2\text{O} \qquad (4.3)$$

$$-\text{Ti}-\text{OR} + \text{HO}-\text{Ti} \longrightarrow -\text{Ti}-\text{O}-\text{Ti} + \text{ROH} \qquad (4.4)$$

最后获得氧化物的结构和形态取决于水解与缩聚反应的相对反应程度，当金属-氧桥-聚合物达到一定宏观尺寸时，形成网状结构从而溶胶失去流动性，即凝胶形成。

（二）粒度测试仪器

1. 激光粒度分析仪

激光粒度分析仪是根据光的散射原理测量粉体颗粒大小的，是一种比较通用的粒度仪器，尤其适合测量粒度分布范围宽的粉体和液体雾滴。对粒度均匀的粉体，例如磨料微粉，则要慎重选用。激光粒度仪集成了激光技术、现代光电技术、电子技术、精密机械和计算机技术，具有测量速度快、动态范围大、操作简便、重复性好等优点，现已成为全世界最流行的粒度测试仪器。本实验所用的马尔文帕纳科粒度仪如图4.3所示。

图 4.3　马尔文帕纳科粒度仪

激光粒度仪作为一种新型的粒度测试仪器，已经在其他粉体加工与应用领域得到广泛的应用，对提高产品质量、降低能源消耗有着重要的意义。

2. 光粒度仪

光粒度仪是根据颗粒能使激光产生散射这一物理现象测试粒度分布的。由于激光具有很好的单色性和极强的方向性，所以在没有阻碍的无限空间中激光将会照射到无穷远的地方，并且在传播过程中很少有发散的现象。如图 4.4 所示。

米氏散射理论表明，当光束遇到颗粒阻挡时，一部分光将发生散射现象，散射光的传播方向将与主光束的传播方向形成一个夹角 θ，θ 角的大小与颗粒的大小有关，颗粒越大，产生的散射光的 θ 角就越小；颗粒越小，产生的散射光的 θ 角就越大。即小角度（θ）的散射光是由大颗粒引起的；大角度（θ_1）的散射光是由小颗粒引起的，如图 4.4 所示。进一步研究表明，散射光的强度代表该粒径颗粒的数量。这样，测量不同角度上的散射光的强度，就可以得到样品的粒度分布了。

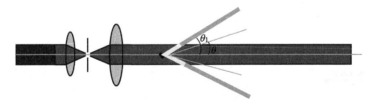

图 4.4　不同粒径的颗粒产生不同角度的散射光

为了测量不同角度上的散射光的光强，需要运用光学手段对散射光进行处理。在光束中的适当位置上放置一个富氏透镜，在该富氏透镜的后焦平面上放置一组多元光电探测器，不同角度的散射光通过富氏透镜照射到多元光电探测器上时，光信号将被转换成电信号并传输到电脑中，通过专用软件对这些信号进行处理，就会准确地得到粒度分布了，如图 4.5 所示。

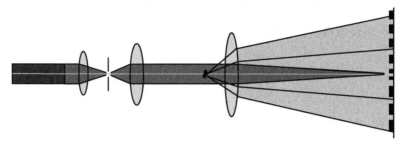

图 4.5　激光粒度仪原理示意

三、　仪器与试剂

1. 仪器

电磁搅拌器，恒温干燥箱，高温炉，激光粒度分析仪。

2. 试剂

钛酸正丁酯（AR），无水乙醇（AR），冰醋酸（AR），盐酸（AR），蒸馏水。

四、　实验步骤

以钛酸正丁酯 $[Ti(OC_4H_9)_4]$ 为前驱物，无水乙醇（C_2H_5OH）为溶剂，冰醋酸（CH_3COOH）为螯合剂，从而控制钛酸正丁酯均匀水解，减少水解产物的团聚，得到颗粒细小且均匀的二氧化钛溶胶。具体操作步骤如下。

（1）室温下量取 10mL 钛酸正丁酯，缓慢滴入 35mL 无水乙醇中，用电磁搅拌器强力搅拌 10min，混合均匀，形成黄色澄清溶液 A。

（2）将 2mL 冰醋酸和 10mL 蒸馏水加到另 35mL 无水乙醇中，剧烈搅拌，得到溶液 B，滴入 2～3 滴盐酸，调节 pH 值至 3。

（3）室温水浴下，在剧烈搅拌下将溶液 A 缓慢滴入溶液 B 中。

（4）滴加完毕后得浅黄色溶液，40℃水浴搅拌加热，约 1h 后得到白色凝胶（倾斜烧瓶凝胶不流动）。

（5）置于 80℃下烘干，大约 20h，得黄色晶体，研磨，得到淡黄色粉末。

（6）在 600℃下热处理 2h，得到二氧化钛（纯白色）粉体。

五、 结果与讨论

① 样品颜色外形：

② 产量：

③ 产率：

④ 粒径分布图：

六、 实验操作注意事项

（1）水的加入量对钛酸正丁酯的水解程度有很大影响。当水量较大时，钛酸正丁酯水解的量及水解程度提高，缩聚物的交联度和聚合度增大，有利于二氧化钛溶胶向凝胶转变，从而缩短凝胶时间。但加入量过大使钛酸正丁酯迅速水解而产生聚沉现象，不易形成溶胶。当水量较小时，由于钛酸正丁酯水解不足，水解生成的少量溶胶粒子很快分散于大量的溶剂中，相互进一步缩合的机会很少，或不足以形成三维的空间网络结构，导致凝胶时间过长或不凝胶，并且由于钛酸正丁酯未完全水解而使产量减小。

（2）从反应程度来看，乙醇量多，凝胶时间长，反应平稳、完全。但从周期及产率考虑，乙醇量少，凝胶时间短，周期短，产率大。

（3）抑制剂冰醋酸的加入，在一定程度上抑制了水解缩聚反应的进程，使反应速度平衡、缓慢，凝胶时间增加。抑制剂冰醋酸加入量过少，作用不明显；加入量过多，虽然得到更稳定的凝胶，但因为引入过多的碳，在焙烧时容易形成积炭，而残留在二氧化钛表面的炭又会妨碍表面基团的生产，并会对比表面积产生影响。

七、 思考题

（1）溶胶-凝胶法制备材料有哪些优点？
（2）测定粒度分布的方法还有哪些？

参考文献 —⟫

［1］杨南如，余桂郁．溶胶-凝胶法简介第一讲—溶胶-凝胶法的基本原理与过程．硅酸盐通报，1993（2）：58-65.
［2］朱永法，张利，姚文清，等．溶胶-凝胶法制备薄膜型 TiO_2 光催化剂．催化学报，1999，20（3）：362-364.
［3］王娟，李晨，徐博．溶胶-凝胶法的基本原理、发展及应用现状．化学工业与工程，2009，26（3）：273-277.

扩展阅读 —⟫ 马尔文MS3000型激光粒度仪

一、 马尔文 MS3000 型激光粒度仪特点

1. 测量结果准确度高

利用马尔文 MS3000 型激光粒度仪可测量制备好的 TiO_2 材料的粒度分布。采用湿法分散、机械搅拌使样品均匀散开，超声高频震荡使团

聚的颗粒充分分散，电磁循环泵使大小颗粒在整个循环系统中均匀分布，从而在根本上保证了宽分布样品测试的准确重复。

2. 测试操作简便快捷

放入分散介质和被测样品，启动超声发生器使样品充分分散，然后启动循环泵，实际的测试过程只有几秒钟。测试结果以粒度分布数据表、分布曲线、比表面积、D10、D50、D90 等方式显示、打印和记录。

3. 输出数据丰富直观

本仪器的软件可以在各种计算机平台上运行，具有操作简单、显示直观的特点，不仅对样品进行动态检测，而且具有强大的数据处理与输出功能，用户可以选择和设计最理想的表格和图形输出。

二、 马尔文 Mastersizer 3000（MS3000）操作规程

马尔文 Mastersizer 3000 软件在一个电脑操作系统下可以同时安装中文和英文软件，中英文软件可以相互切换。下面以中文版本的软件为例进行介绍，英文版本界面和中文版本相同，操作方法相同。

1. 开机

首先打开仪器主机电源和电脑，在电脑桌面上双击打开 MS3000 软件。软件打开后，首先检查联机情况，正常软件的右下角会出现 MS3000 主机序列号和所连接的附件种类。如果所连接的附件超过 1 个，可以点击 CAN1 位置，软件会显示可供选择的附件类型。根据需要选择相应要使用的附件类型即可。如果软件上不能正确显示主机和附件序列号（显示为无连接），则表示软件和 MS3000 仪器之间无通信，将无法进行测试。

注：仪器主机与电脑间通过 USB 接口连接。仪器附件（进样器）本身不带控制电源，电源通过 MS3000 主机提供。附件通过控制电缆线接到仪器左侧的 CAN 接口上，一台主机可以同时连接三台附件（3 个 CAN 接口）。

2. 关机

当测试完成后需要关闭仪器系统时，先关闭软件，再关闭仪器电源。关软件之前建议再保存一遍数据。

3. 数据保存

MS3000 软件默认是数据后存储方式，即数据测试完成后用户手动按"保存"键保存数据。为了避免忘记保存数据，也可以启动强制保存模式，即在首个菜单的下拉菜单中选择"选项"菜单，启用"强制保存记录"（前面打勾）。这样在开始测试时，如果没有打开测试文件，软件会自动进入创建测试文件的窗口。

4. 软件界面

软件界面可以按不同方式显示，可以单一显示记录列表或者报告，也可以同时显示记录列表和分析结果界面。通过"视图"菜单中的"默认"可以回到默认的显示方式。如果选择"2-窗格垂直拆分"，则可以将记录列表和报告等同时显示。如果左侧的文件列表不需要显示，可以选择"隐藏或显示工作区窗口"，将左侧内容隐藏。

5. 结果编辑

当测试完成后，如果发现样品名称输入错误或者光学参数设置错误等情况，可以通过结果编辑方式进行修正，而无需再次测样。在测试结果的记录列表中选择需要编辑的记录，点右键，选择"编辑结果"。进入设置窗口后，按所需修改的内容进行修改，点击"确定"后会在列表中生成新的记录。查看新记录即可看到修改的设置。

6. 湿法测试

湿法测试操作以连接 Hydro LV 附件为例。确认软件右下角连接的主机和附件选择正常，如果同时连接多个附件，请选择 Hydro LV（图4.6）。

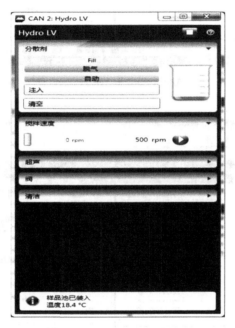

图 4.6　Hydro LV 显示界面

（1）清洁系统

在测试开始前和测试结束后需要清洁系统，可以通过"工具"菜单中的"附件"进入 Hydro LV 的操作控制窗口（Hydro LV 可以接在不同的 CAN 接口上）。如果需要频繁使用该附件选项，可以将它加到快速进入窗口。在"工具"—"附件"上点击鼠标右键，选择"Add to Quick Access Toolbar"选项（图4.7），则在最上端的快速工具栏上可以直接进入该附件控制窗口而无需先进入"工具"菜单（图4.8）。对于其他经常使用的菜单，也可以通过点击右键选择"Add to Quick Access Toolbar"，添加到最上端的工具栏中。

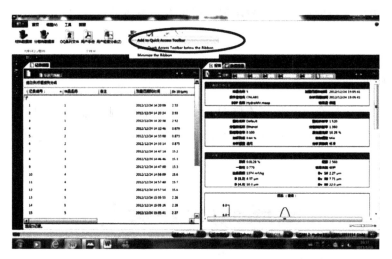

图 4.7 "Add to Quick Access Toolbar"选项

图 4.8 快速工具栏直接进入控制窗口

在清洁系统时，如果管路连接自动进水，可以直接选择清洁模式下的不同清洁方式（如图 4.9 所示），仪器会自动清洗系统。如果管路没有连接自动进水，也可以通过手动控制阀的开关来控制进排水清洗系统（图 4.9）。

（2）测试样品（建议测试样品的时候使用纯净水测试）

①在"首页"菜单中选择"手动测量"（图 4.10），进入测试窗口。首先会弹出手动测量设置的窗口，可以在该窗口中按顺序设置样品信息，例如样品名称、光学参数、测量时间、测量次数等；在附件里设置

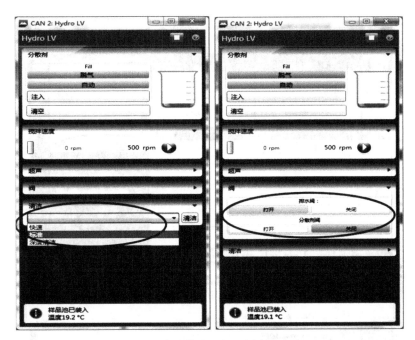

图 4.9 清洁模式下的不同清洁方式

搅拌速度、超声方式等。可以按右上角的箭头逐条设置。

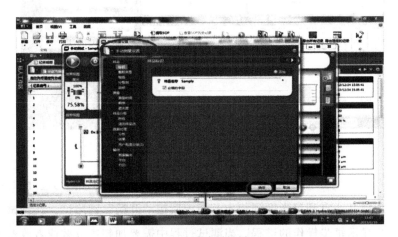

图 4.10 手动测量界面

　　② 当设置完成后，按"确定"键，进入测试窗口（图 4.11）。确认搅拌处于工作状态（按搅拌速度后的"开始"键）。点击"开始"键，仪器会先初始化，自动对光。

　　然后再按"开始"键进入背景测量（图 4.12）。

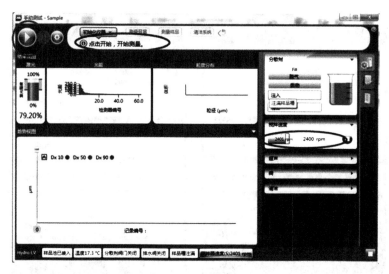

图 4.11　测试窗口

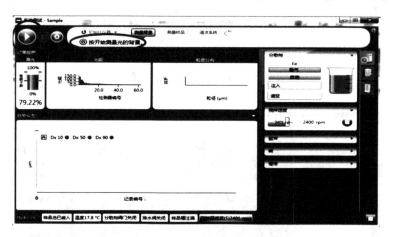

图 4.12　背景测量界面

③ 背景测量完成后，仪器会提示加入样品（图 4.13）。此时手动加入样品，直到遮光度到相应范围内后按"开始"键测试。在测试过程中会显示每步操作的进程。当测试过程中需要加超声分散或者改变搅拌速度时，可通过右侧的超声控制和搅拌控制来相应调整。

④ 当测试完成后，页面上会显示多次测试的趋势图和数据统计值（图 4.14）。如需继续测试，可以再按"开始"键重复测试。

⑤ 测试结果会自动添加到记录列表中，选择相应的记录在报告中显示或者打印即可。建议测试完成后再按"保存"确认保存一下数据。

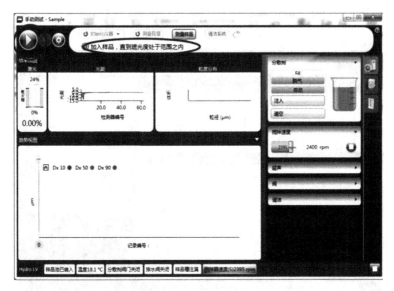

图 4.13　样品测量界面

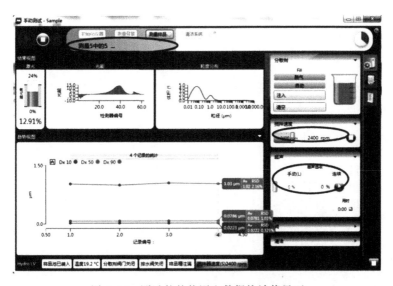

图 4.14　测试的趋势图和数据统计值界面

⑥ 当测试完成后，如果发现样品名称输入错误或者光学参数设置错误等情况，可以通过结果编辑方式进行修正，而无需再次测样。在测试结果的记录列表中选择需要编辑的记录，点右键，选择"编辑结果"。

⑦ 测试完成后需及时清洁系统，避免长时间污染。清洁可以通过测试序列中的"清洁系统"或者右侧的"附件"控制部分来清洁（图

4.15）。也可以退出测试窗口后通过"附件"控制来清洁。

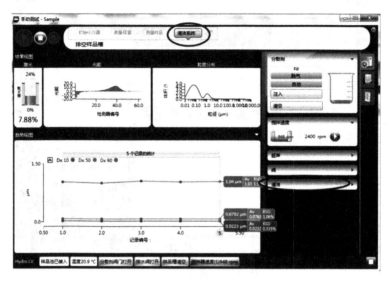

图 4.15　测试序列中的"清洁系统"

実验五 ▶▶

稀土CeO$_2$纳米材料的制备及表征

一、 实验目的

(1) 掌握制备稀土氧化物纳米材料的溶胶-凝胶法。

(2) 掌握 X 射线粉末衍射仪的原理和使用方法。

(3) 了解溶胶-凝胶法的原理、特点和应用。

二、 实验原理

1. 稀土元素及稀土资源

稀土 (rare earth) 是化学周期表中镧系元素和钪、钇共十七种金属元素的总称。自然界中有 250 种稀土矿。最早发现稀土的是芬兰化学家加多林 (John Gadolin)。1794 年,他从一块形似沥青的重质矿石中分离出第一种稀土 "元素" (钇土,即 Y$_2$O$_3$)。因为 18 世纪发现的稀土矿物较少,当时只能用化学法制得少量不溶于水的氧化物,历史上习惯把这种氧化物称为 "土",因而得名稀土。"稀" 原指稀贵,"土" 是指其氧化物难溶于水的 "土" 性。其实稀土元素在地壳中的含量并不稀少,性质也不像土,而是一组活泼金属,"稀土" 之称只是一个历史习惯。

根据稀土元素原子电子层结构和物理化学性质,以及它们在矿物中共生情况和不同的离子半径可产生不同性质的特征,十七种稀土元素通常分为两组。

轻稀土包括：镧、铈、镨、钕、钷、钐、铕。

重稀土包括：钆、铽、镝、钬、铒、铥、镱、镥、钪、钇。

按矿物特点可分为铈组（轻稀土）和钇组（重稀土）。

铈组（轻稀土）：镧、铈、镨、钕、钷、钐、铕。

钇组（重稀土）：钆、铽、镝、钬、铒、铥、镱、镥、钪、钇。

稀土元素间化学性质十分相近，这取决于电子层结构的特点，镧系元素的电子层结构和氧化态如图 5.1 所示。

元素	Ln电子组态	Ln^{3+}电子组态	常见氧化态
^{57}La	$4f^05d^16s^2$	$4f^0$	(3)
^{58}Ce	$4f^15d^16s^2$	$4f^1$	(3),4
^{59}Pr	$4f^35d^06s^2$	$4f^2$	(3),4
^{60}Nd	$4f^4\ \ \ 6s^2$	$4f^3$	(3),2
^{61}Pm	$4f^5\ \ \ 6s^2$	$4f^4$	(3)
^{62}Sm	$4f^6\ \ \ 6s^2$	$4f^5$	(3),2
^{63}Eu	$4f^7\ \ \ 6s^2$	$4f^6$	(3),2
^{64}Gd	$4f^75d^16s^2$	$4f^7$	(3)
^{65}Tb	$4f^9\ \ \ 6s^2$	$4f^8$	(3),4
^{66}Dy	$4f^{10}\ \ 6s^2$	$4f^9$	(3),2
^{67}Ho	$4f^{11}\ \ 6s^2$	$4f^{10}$	(3)
^{68}Er	$4f^{12}\ \ 6s^2$	$4f^{11}$	(3)
^{69}Tm	$4f^{13}\ \ 6s^2$	$4f^{12}$	(3),2
^{70}Yb	$4f^{14}\ \ 6s^2$	$4f^{13}$	(3),2
^{71}Lu	$4f^{14}5d^16s^2$	$4f^{14}$	(3)

图 5.1　镧系元素的电子层结构和氧化态

其中，La^{3+}（$4f^0$），Gd^{3+}（$4f^7$）和 Lu^{3+}（$4f^{14}$）处于稳定结构，获得＋2价和＋4价氧化态是相当困难的；Ce^{3+}（$4f^1$）和 Tb^{3+}（$4f^8$）失去一个电子即达稳定结构，因而出现＋4价氧化态；Eu^{3+}（$4f^6$）和 Yb^{3+}（$4f^{13}$）接受一个电子即达稳定结构，因而易出现＋2价氧化态。

我国是稀土资源大国，中国仅内蒙古白云矿山的铁矿床中稀土氧化物的储量就达 3600 万吨。加上其他地区已经开采或尚未开采的稀土矿，中国稀土矿藏的远景储量估计可达 1 亿吨之多。全球稀土几乎全在中国。中国稀土矿的种类及分布如下。

（1）混合稀土矿：氟碳铈矿＋独居石；主要存在于内蒙古白云鄂博铁矿中。

（2）离子吸附型矿：主要存在于中国南部地区的江西、湖南、广东、福建等地。

（3）独居石：是中国稀土工业使用最早的矿石，主要供内需。

（4）磷钇矿：在广东省和广西壮族自治区蕴藏相当丰富，钇含量约达 60%。

稀土元素有工业"黄金"之称，由于其具有优良的光电磁等物理特性，能与其他材料组成性能各异、品种繁多的新型材料，其最显著的功能就是大幅度提高其他产品的质量和性能。纳米稀土材料的研究、开发与应用，开辟了稀土资源有效利用的新途径，扩展了稀土的应用范围，促进了新型功能材料的发展。

2. 纳米 CeO_2 功能材料

纳米 CeO_2 是一种性能优异的新型功能材料，CeO_2 的应用在整个稀土的应用中占举足轻重的地位，开发前景十分广阔。纳米 CeO_2 的制备方法很多，但纳米 CeO_2 制备方法多存在一些普遍问题，如颗粒团聚严重、粒径分布不均匀、单分散性差、性能不稳定等，这些问题的存在影响了纳米 CeO_2 功能材料使用。因此如何做到颗粒尺寸和形状可控，得到粒度分布均匀、单分散性好的纳米 CeO_2，成为当前纳米 CeO_2 制备研究中的难点。

此外综合目前国内外的报道，大多数基础研究仍只停留在改进合成工艺的层面上，且表征往往局限于最终的粉体，对纳米 CeO_2 的成核与生长这一中间过程还缺少动态、系统的观测与分析。为解决这一问题，需从以下两方面入手：

① 需运用热力学和动力学手段，系统研究纳米 CeO_2 在不同形成条件下成核过程和晶体生长过程的内在机制，从理论上分析颗粒尺寸、粒径分布、粒子团聚与分散的因素和作用机理，为制备单分散性及尺寸均一的纳米 CeO_2 奠定理论基础，并从制备方法和合成工艺上加以改进和控制。

② 应通过多学科，如材料学科、化学学科和纳米技术的交叉和融合，为制备高性能纳米 CeO_2 功能材料提供新的研究思路。例如，可以在反应制备过程中添加各种表面活性剂来改善颗粒的团聚状况或者用表面化学改性方法对粒子进行表面修饰以获得单分散性、无团聚的纳米颗粒。

目前虽已有多种纳米 CeO_2 制备方法，但是真正能进行工业化生产的却很少，因此必须从工业化角度研究纳米 CeO_2 的制备技术，加速研究成果的推广与应用。这对于促进我国现代高科技发展具有至关重要的作用。

3. 溶胶-凝胶法

溶胶-凝胶法是指从金属的有机物或无机物的溶液出发，在低温下，通过溶液的水解、聚合等化学反应，首先生成具有一定空间结构的凝胶，然后经过热处理或减压干燥，在较低的温度下制备出各种无机材料或复合材料的方法，是一种极具工业化前景的纳米材料制备技术。其基本步骤如图 5.2 所示。

图 5.2　溶胶-凝胶法工艺过程

反应方程可表示为：

$$M—OR+H_2O \longrightarrow M—OH+ROH \qquad (5.1)$$

$$M—OH+RO—M \longrightarrow M—O—M—+ROH \qquad (5.2)$$

$$—M—OH+HO—M \longrightarrow M—O—M—+H_2O \qquad (5.3)$$

或用下列通式表示：

$$M(OR)_n+mXOH \longrightarrow [M(OR)_n \cdot m(OX)_m]+mROH \quad (5.4)$$

式中：$X=H$ 时，为水解反应；$X=M$ 时，为聚合反应（M 为金属离子）；$X=L$ 时，为络合反应（L 为有机或无机配体）。

本实验以六水合硝酸亚铈为铈源，柠檬酸为络合剂，水和乙醇混合溶液为溶剂，采用溶胶-凝胶的方法制备纳米氧化铈颗粒，并采用 X 射线粉末衍射法测定其晶相和晶粒尺寸。

三、　仪器与试剂

1. 仪器

电子天平，量筒，烧杯，单口瓶，移液管，pH 试纸，电磁搅拌器，鼓风干燥箱，X 射线粉末衍射仪，电阻炉。

2. 试剂

六水合硝酸亚铈 [$Ce(NO_3)_3 \cdot 6H_2O$，AR]，柠檬酸（$C_6H_8O_7 \cdot$

H_2O，AR)，氨水（$NH_3 \cdot H_2O$，AR)，无水乙醇（C_2H_5OH，AR）。

四、 实验步骤

1. 稀土 CeO_2 纳米材料的制备

精确称取 2.10g 的柠檬酸（$C_6H_8O_7 \cdot H_2O$），加入盛有 50mL 去离子水和 50mL 乙醇的混合溶液的烧杯中，搅拌 20min，形成柠檬酸溶液，然后向溶液中滴加氨水，调节 pH 值至 1.5～2.0。精确称取 2.17g 六水合硝酸亚铈，溶解于 10.0mL 无水乙醇中，搅拌 20min，形成硝酸亚铈乙醇溶液，放在室温中备用。在搅拌的前提下，把硝酸亚铈乙醇溶液滴加到柠檬酸溶液中，搅拌 1.5h，形成 $C_6H_8O_7/Ce^{3+}$ 混合溶液，将盛有混合溶液的烧杯置于鼓风干燥箱中，60℃下反应，直至溶液完全挥发，形成凝胶。最后将凝胶经过 100℃干燥 1h，500℃下煅烧 2h，并研磨，得到纳米 CeO_2 粉末。反应过程如图 5.3 所示。

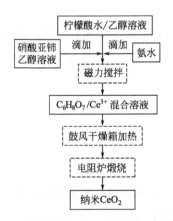

图 5.3　制备纳米 CeO_2 材料的工艺路线

2. 稀土 CeO_2 纳米材料晶相的测定

采用 X 射线粉末衍射仪对所得稀土 CeO_2 纳米材料的晶相进行测定，工作管电压为 40mV，管电流为 40mA，步速为 0.026°/min。

五、 结果与讨论

(1) 观察反应过程中溶液颜色的变化。

(2) 所得样品实际产量：_____ g；理论产量：_____ g；产率：_____ %。

(3) 绘制 X 射线粉末衍射图谱，并指认 X 射线衍射峰对应的 CeO_2 的晶面。

(4) 通过谢乐公式计算所制得 CeO_2 的晶粒尺寸。

六、 思考题

(1) 在制备过程中影响生成 CeO_2 颗粒尺寸和结晶性的因素有哪些？

(2) 在制备过程中为什么要采用乙醇和水的混合溶液作为溶剂？

(3) 测定 X 射线粉末衍射过程中有哪些注意事项？

参考文献 ➔➤

[1] 李德贵，甘红梅. 溶胶-凝胶法制备氧化铈粉体及其对晶粒度的影响. 广东化工，2014，41（6）：37-38.

[2] 刘志平，胡社军，黄慧民，等. 溶胶-凝胶法制备纳米二氧化铈的工艺研究. 无机盐工业，2008（11）：31-33.

[3] 张志鑫. 纳米二氧化铈的制备、表征及其催化串联反应研究. 大连：大连理工大学，2016.

第三篇

高分子材料实验

実験六 ►►

乙酸乙烯乳胶漆的制备

一、 实验目的

    （1）学习涂料的基本知识。

    （2）了解自由基型加聚反应的原理。

    （3）掌握聚乙酸乙烯乳液的合成原理，乳胶漆的制法和实验技术。

二、 实验原理

1. 聚合原理

    乳液聚合是指单体在乳化剂的作用下，分散在介质中加入水溶性引发剂，在机械搅拌或振荡下进行非均相聚合的反应过程。它不同于溶液聚合，又不同于悬浮聚合，它是在乳液的胶束中进行的聚合反应，产品为具有胶体溶液特征的聚合物胶乳。

    乳液聚合体系主要包括单体、分散介质（水）、乳化剂、引发剂，还有调节剂、pH 缓冲剂及电解质等其他辅助试剂，它们的比例大致如下。

    水（分散介质）（占乳液总质量）：60%～80%；

    单体（占乳液总质量）：20%～40%；

    乳化剂（占单体质量）：0.1%～5%；

    引发剂（占单体质量）：0.1%～0.5%；

    调节剂（占单体质量）：0.1%～1%；

    其他：少量。

乳化剂是促进乳液聚合的重要物质，它可以使互不相溶的油-水两相转变为相当稳定且难以分层的乳浊液。乳化剂分子一般由亲水的极性基团和疏水的非极性基团构成，根据极性基团的性质可以将乳化剂分为阳离子型、阴离子型、两性和非离子型四类。实验中还常采用两种乳化剂合并使用，其乳化效果稳定性比单独使用一种好。当乳化剂分子在水相中达到一定浓度，即到达临界胶束浓度（CMC）值后，体系开始出现胶束。胶束是乳液聚合的主要场所，发生聚合后的胶束称作乳胶粒。随着反应的进行，乳胶粒数不断增加，胶束消失，乳胶粒数恒定，由单体液滴提供单体在乳胶粒内进行反应。此时，乳胶粒内单体浓度恒定，聚合速率恒定，待单体液滴消失后，随乳胶粒内单体浓度的降低聚合速率下降。

乳液聚合的机理不同于一般的自由基聚合，其聚合速率及聚合度可表示如下：

$$R_p = \frac{10^3 N k_p [M]}{2 N_A} \tag{6.1}$$

$$\overline{X_n} = \frac{N k_p [M]}{R_t} \tag{6.2}$$

式中　　N——乳胶粒数；

　　　　N_A——阿伏伽德罗常数；

　　　　R_p——聚合速率；

　　　　k_p——聚合速率常数；

　　　$[M]$——胶粒中的单体浓度；

　　　　$\overline{X_n}$——聚合物平均聚合度；

　　　　R_t——终止速率。

由此可见，聚合速率与引发速率无关，而取决于乳胶粒数。乳胶粒数的多少与乳化剂浓度有关。增加乳化剂浓度，即增加乳胶粒数，可以同时提高聚合速度和产物分子量。而在本体、溶液和悬浮聚合中，使聚合速率提高的一些因素往往使产物分子量降低。

乳液聚合的优点是：

① 聚合速度快、产物分子量高；

② 由于使用水作介质，易于散热、温度容易控制、费用也低；

③ 由于聚合形成稳定的乳液体系黏度不大，故可直接用于涂料、黏合剂、织物浸渍等。如需要将聚合物分离，除使用高速离心外，亦可

将胶乳冷冻，或加入电解质将聚合物凝聚，然后进行分离，经净化干燥后，可得固体状产品。

乳液聚合的缺点是：聚合物中常带有未洗净的乳化剂和电解质等杂质，从而影响成品的透明度、热稳定性、电性能等。尽管如此，乳液聚合仍是工业生产的重要方法，特别是在合成橡胶工业中应用得最多。

市场上的"白乳胶"就是乳液聚合方法制备的聚乙酸乙烯酯乳液。聚乙酸乙烯酯（PVAc）胶乳漆具有水基漆的优点，黏度小，分子量较大，不用易燃的有机溶剂。作为黏合剂时（俗称白胶），木材、织物和纸张均可使用。乳液聚合通常在装备回流冷凝管的搅拌反应釜中进行。加入乳化剂、引发剂水溶液和单体后，一边进行搅拌，一边加热便可制得乳液。乳液聚合温度一般控制在 70～90℃ 之间，pH 值在 2～6 之间。由于乙酸乙烯酯聚合反应放热较大，反应温度上升显著，一次投料法要想获得高浓度的稳定乳比较困难，故一般采用分批加入引发剂或者单体的方法。乙酸乙烯酯乳液聚合机理与一般乳液聚合机理相似，但是由于乙酸乙烯酯在水中有较高的溶解度，而且容易水解，产生的酸会干扰聚合；同时，乙酸乙烯酯自由基十分活泼，链转移反应显著。因此，除了乳化剂乙酸乙烯酯乳液生产中一般还加入聚乙烯醇来保护胶体。

乳液聚合所用的引发剂是水溶性的，如过硫酸盐。当溶液的 pH 值太低时，过硫酸盐引发的聚合速度太慢，因此乳液聚合要控制好 pH 值，使反应平稳，同时达到稳定乳胶液分散状态的目的。在本实验中，聚乙酸乙烯酯乳液的制备是以过硫酸钾为引发剂，以乳化剂 OP-10 和聚乙二醇为乳化剂，按典型的乳液聚合方法制成的。

$$n\mathrm{CH_2}\!=\!\mathrm{CH} \xrightarrow[\text{聚乙二醇}]{\mathrm{K_2S_2O_8,OP\text{-}10}} \underset{\mathrm{OCOCH_3}}{-\!(\mathrm{CH_2CH})_n} \qquad (6.3)$$

2. 复配原理

把乳胶进一步加工成涂料，必须使用颜料和助剂。基本的助剂有分散剂、增稠剂、防霉剂等。常用助剂及其功能简介如下。

（1）分散剂和润湿剂　这类助剂能吸附在颜料粒子的表面，使水能充分润湿颜料粒子并向其内部空隙渗透，使颜料能研磨分散于水和乳胶中，分散了颜料微粒又使其不能聚集和絮凝。使用无机颜料时，常用六偏磷酸钠或多聚磷酸盐等作分散剂。

（2）增稠剂　能增加涂料的黏度，起到保护胶体和阻止颜料聚集、沉降的作用，还能改善乳胶漆的涂刷施工性能和涂膜的流平性。一般用水溶性高聚物，如聚乙烯醇、纤维素衍生物、聚丙烯酸铵盐等。

（3）防霉剂　加有增稠剂的乳胶漆一般容易在潮湿环境中长霉，故需加入防霉剂。常用的防霉剂有五氯酚钠、醋酸苯汞、三丁基氧化锡。三丁基氧化锡效果很好，但剧毒且价格昂贵。使用防霉剂均要注意防止中毒。

（4）增塑剂和成膜助剂　涂覆后的乳胶漆在溶剂挥发后，余下的分散粒子需经过接触合并，才能形成均匀的树脂膜。因此，树脂必须具有在低温下容易变形的性质。添加增塑剂可使树脂具有较易成膜的性质，并且使固化后的漆膜有较好的柔顺性。成膜助剂则是有适当挥发性的增塑剂。成膜助剂在树脂和水的两相中都有一定的溶解度，既可增加树脂的流动性，又能降低水的挥发速度，有利于树脂逐渐形成漆膜。常用的成膜助剂有乙二醇、己二醇、一缩乙二醇、乙二醇丁醚醋酸酯等。

（5）消泡剂　涂料中存在泡沫时，在干燥的漆膜中会形成许多针孔。消泡剂的作用就是去除这些泡沫。磷酸三丁酯、$C_8 \sim C_{12}$ 的脂肪醇、水溶性硅油等都是常用的消泡剂。

（6）防锈剂　防止包装铁罐的生锈腐蚀，避免钢铁表面在涂刷过程中产生锈斑的浮锈现象。常用的防锈剂有亚硝酸钠和苯甲酸钠。

（7）填料（颜料）　在涂料中起到"骨架"作用，使涂膜更厚、更坚实，有良好的遮盖力。常用的填料有钛白粉、立德粉、滑石粉和轻质碳酸钙。

三、仪器与试剂

1. 仪器

电动搅拌器，三口瓶（250mL），回流冷凝管，温度计，Y形管。

2. 试剂

乙酸乙烯酯，聚乙烯醇，过硫酸钾，乳化剂（OP-10），邻苯二甲酸二丁酯，碳酸氢钠溶液（5%），正辛醇，去离子水，羟甲基纤维素，聚甲基丙烯酸钠，六偏磷酸钠，亚硝酸钠，醋酸苯汞，滑石粉，钛白粉。

四、 实验步骤

1. 聚乙酸乙烯酯乳液的制备

将 2.0g 聚乙烯醇和 36mL 去离子水置入 250mL 三口瓶中。三口瓶上装置电动搅拌器、回流冷凝管和一个接有温度计（水银球浸入液面下）及滴液漏斗的 Y 形管。搅拌并加热混合物，升温至 85℃搅拌，使聚乙烯醇完全溶解。然后降温至 60℃以下，加入 0.4g 乳化剂 OP-10、0.1mL 正辛醇和 5g 乙酸乙烯酯。搅拌至充分乳化后，加入 3 滴由 0.07g 过硫酸钾与 1mL 去离子水新鲜配制的溶液。加热至瓶内温度达到 65℃时撤去热源，让反应混合物自行升温和回流，直至回流减慢而温度达到 80～83℃时，在 2～2.5h 内加完 31g 的乙酸乙烯酯，同时每隔 1h 补加 1 滴过硫酸钾溶液。整个反应过程中应控制好反应温度在（80±2）℃的范围内，并不停搅拌。单体滴加完毕后，把余下的过硫酸钾溶液全部加入，让瓶内温度自行上升至 95℃，并在此温度下继续搅拌 0.5h，冷却。当温度下降至 50℃时，加入 2mL 5%碳酸氢钠溶液。最后再加 4g 邻苯二甲酸二丁酯并搅拌 1h 以上，冷却后得到 75～80g 白色的聚乙酸乙烯酯乳液，制备流程如图 6.1 所示。

2. 乙酸乙烯乳胶漆的制备

在烧杯中加入 43mL 去离子水、0.18g 羧甲基纤维素和 0.15g 聚甲基丙烯酸钠，在室温下搅拌至全溶。再加入 0.28g 六偏磷酸钠、0.55g 亚硝酸钠和 0.18g 醋酸苯汞，搅拌溶解。在强力搅拌下，依次逐渐撒入

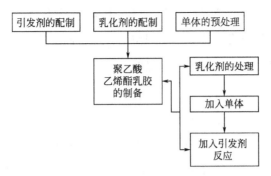

图 6.1　聚乙酸乙烯酯乳液的制备流程

15g 滑石粉和 48g 钛白粉。继续强力搅拌至固体达到最大限度的分散后，再将以上制得的聚乙酸乙烯酯乳液加入。充分调配均匀。最后加氨水调 pH 值至 8 左右，制得白色的乙酸乙烯乳胶漆。

　　按本实验制得的产品，在乙酸乙烯乳胶漆中属于质量优良的品种。按前面所述的配方原理，可以改用部分功能成分，制成颜料（填料）基料之比高出 1 倍的、较价廉的品种。产品质量可通过在墙壁上的涂刷试验进行简单的观察比较。

　　在工业生产中，颜料和填料在含分散剂及各种助剂的水中的分散操作，是使用球磨机或其他分散设备经几次研磨完成的。

3. 实验时间

　　实验时间共（10＋3）h，不包括聚乙酸乙烯乳胶液的制备实验中，聚乙烯醇的溶解和加入增塑剂后的处理过程所需的时间。这两部分操作可分别在上一次实验和下一次实验中穿插进行。

五、　实验操作注意事项

　　（1）本实验宜选用平均聚合度在 1700 左右、醇解度约为 88％ 的聚乙烯醇。这种规格的聚乙烯醇对乙酸乙烯酯的乳化性能较好，制成的乳胶也有良好的防冻性能。

（2）过硫酸钾溶液是在小试管中将 $0.07gK_2S_2O_8$ 溶解于 1mL 去离子水中配制而成。若不是立刻使用，应将此溶液置于盛冰水的小烧杯中冷却保存。过硫酸钾的分解温度为 100℃，但潮湿的固体过硫酸钾即使在室温下也会慢慢分解，因此应现配现用。应在聚乙烯醇溶解完全、首次加入的单体乳化后再配制此溶液。

注：过硫酸钾属强氧化剂，未经稀释时与有机物混合会引起爆炸。

（3）制备乳胶漆通常使用去离子水，以保证分散体系有较好的稳定性。

（4）聚乙烯醇能否顺利溶解，与实验操作有很大关系。应在搅拌下将聚乙烯醇分散、逐步地加入温度不高于 25℃ 的冷水中，搅拌 15min 后，再逐渐升温，直至约 85℃。在此温度下搅拌，约 2h 就可完全溶解。不适当的操作可能导致聚乙烯醇结块而溶解困难。

（5）引发剂不能一次加入太多，否则聚合速度太快，所放出的大量反应热来不及散发，使物料温度迅速上升，这又导致聚合速度更快，如此恶性循环，使反应不能控制，这种现象称为爆聚。发生爆聚时，轻则冲料，重则爆炸。为了使反应平稳，引发剂和单体都应逐步加入。

（6）为了制得聚合度适当的产物并使反应能平稳进行，控制反应温度是很重要的。由于反应大量放热，在一段时间内不宜采用加热或冷却的方法来控制温度，而应通过调节加料速度以使反应保持在一定的温度范围内。添加引发剂会使温度上升。添加单体可加快聚合速度，也导致温度上升，但由于它的沸点（72～73℃）低于反应温度，因而加大了回流量而使热量散失。因此，可根据温度和回流情况来调节加料速度。

（7）三口瓶内温度上升至 95℃ 后降温至 50℃ 这段时间的反应可使未反应的残存单体减到最低限度。因为乙酸乙烯酯较容易水解而产生乙酸（和乙醛），使乳液的 pH 值降低，影响乳胶的稳定性，故需加入碳酸氢钠中和。

（8）必须让增塑剂深入渗透到树脂粒子团内部以便于被牢固吸收，因此加入邻苯二甲酸二丁酯后需要搅拌一段时间。

六、 思考题

（1）聚乙酸乙烯酯单体的聚合是什么类型的反应？

（2）为什么聚乙酸乙烯聚合的单体必须重新精馏？

（3）本实验的引发剂是什么？为什么要分步加入？

（4）聚乙烯醇在聚乙酸乙烯合成反应中有什么作用？

（5）乳胶漆配制后在墙上涂刷的实验，如何简单评定产品品质？

参考文献 ⟶≫

[1] 潘祖仁．高分子化学．4版．北京：化学工业出版社，2007．

[2] 赵德仁．高聚物合成工艺学．2版．北京：化学工业出版社，1997．

[3] 复旦大学高分子科学系．高分子实验技术．上海：复旦大学出版社，1996．

[4] 张洪涛，黄锦霞，乳液聚合新技术及应用．北京：化学工业出版社，2007．

[5] 曹同玉，刘庆普，胡金生，等．聚合物乳液合成原理性能及应用．2版．北京：
化学工业出版社，2007．

实验七 ▶▶

水溶性酚醛树脂胶黏剂

一、 实验目的

（1）学习胶黏剂的基本知识。

（2）掌握水溶性酚醛树脂胶黏剂的制备方法和实验技术。

二、 实验原理

酚醛树脂是最早用于胶黏剂工业的合成树脂，至今仍大量地用于木材加工工业中。采用柔性聚合物改性的酚醛树脂结构胶黏剂，如酚醛-缩醛、酚醛-丁腈胶黏剂，在金属结构胶中占有很重要的地位，广泛应用于航空、汽车和船舶等工业中。

酚醛树脂是由酚类（苯酚、甲基苯酚和间苯二酚等）与醛类（主要是甲醛，也可用糠醛）缩合得到的产物。工业用的酚醛树脂分为线型酚醛树脂和体型酚醛树脂两类，线型酚醛树脂又称为热塑性酚醛树脂，体型酚醛树脂又称为热固性酚醛树脂，它们在制法、结构、性能和应用等方面大不相同。见表 7.1 及图 7.1。

表 7.1　热塑性酚醛树脂与热固性酚醛树脂比较

项目	热塑性酚醛树脂	热固性酚醛树脂	项目	热塑性酚醛树脂	热固性酚醛树脂
催化剂 醛/酚（摩尔比）	酸 <1	碱 >1	树脂结构 固化方法	基本上线型 加固化剂,加热	高度支化 只需加热

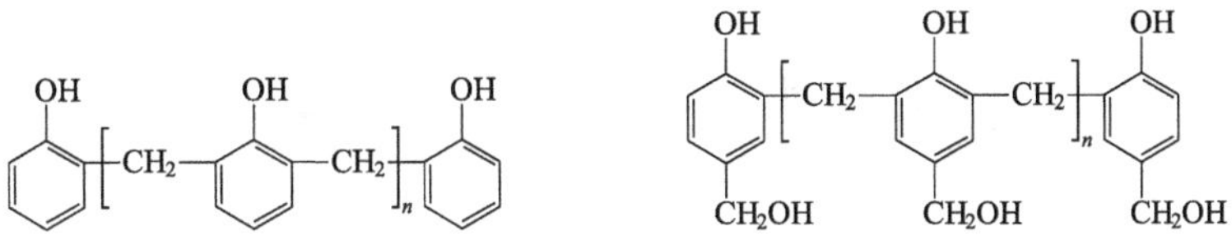

(a) 热塑性酚醛树脂　　　　　　　　(b) 热固性酚醛树脂

图 7.1　热塑性和热固性酚醛树脂结构

使用最普遍的酚醛树脂是以苯酚和甲醛为原料，在酸或碱的催化下进行缩合反应而成的树脂。

在碱性介质中，羟甲基的缩合反应比甲醛与苯酚的加成要慢，因此在反应初期生成大量的羟甲基取代酚。羟甲基苯酚进一步缩合，转变为高度支化的低聚物。可溶于水及有机溶剂的产物称为第一阶段（A 阶、甲阶）酚醛树脂或可溶性酚醛树脂。随着反应进程的深入，产物分子不断增大，生成第二阶段（B 阶、乙阶）的不溶于水的可凝性酚醛树脂。B 阶树脂进一步缩合，转化为不溶不熔的第三阶段（C 阶、丙阶）酚醛树脂。用作胶黏剂的酚醛树脂都是 A 阶树脂，涂敷之后经过热处理，经 B 阶最后转化为不溶不熔的热固性（C 阶）树脂。反应过程如下。

（1）首先，碱催化生成具有更强亲核性的苯氧负离子：

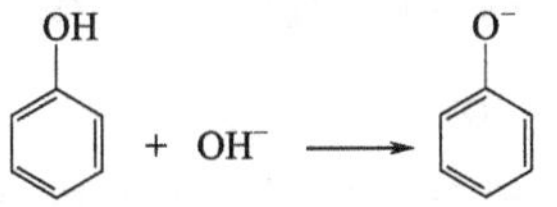

（2）苯氧负离子与甲醛初步反应生成一羟甲基苯酚：

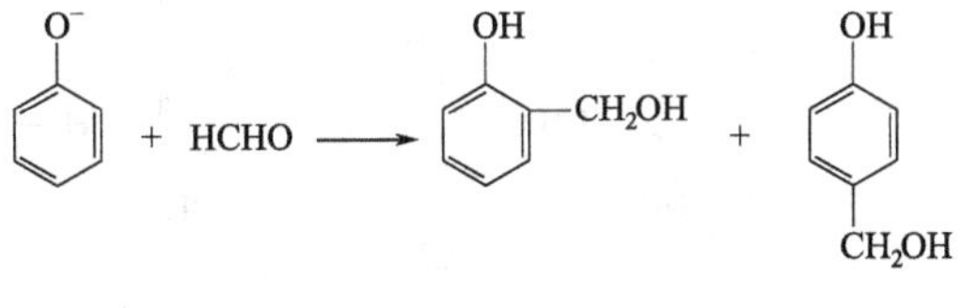

（3）碱催化继续生成生成一羟甲基苯氧负离子：

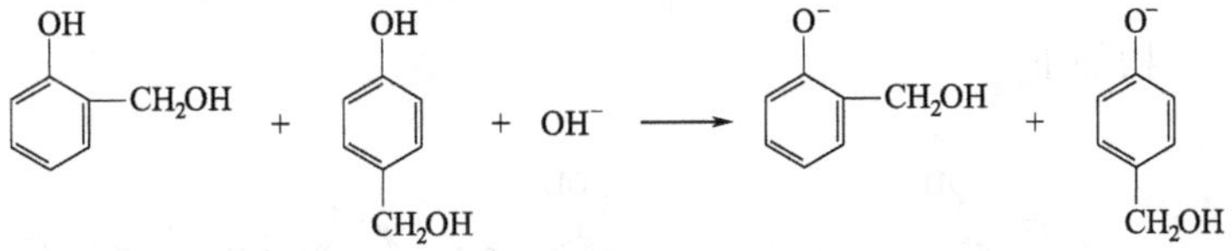

（4）继续与甲醛反应生成二羟甲基苯酚、三羟甲基苯酚和含二亚甲基醚的多羟甲基苯酚以及水溶性（甲阶）酚醛树脂，如：

$+ \text{HCHO} \longrightarrow$

或

（5）水溶性酚醛树脂进一步自缩聚就可得到体型酚醛树脂：

在酸性介质中，苯酚与甲醛反应，生成热塑性结构的化合物，其结构如下：

$+ \text{CH}_2\text{O} \xrightarrow{\text{H}^+}$

由于甲醛与苯酚加成反应的速度远低于所生成的羟甲基进一步缩合的速度，所以在热塑性酚醛树脂中基本上不存在羟甲基。甲基的加成及羟甲基的缩合可在苯环酚羟基的邻位或对位发生，反应产物的结构极为复杂。分子中未被取代的酚羟基的邻位和对位都是活性点（式中用＊表示），在固化时将与固化剂作用，发生主链的增长和交联。

本实验以氢氧化钠作为催化剂，用苯酚和过量的甲醛为原料，得到分子量较低的（400～1000）、水溶性（A阶）的、未经改性的酚醛树脂胶黏剂。各种原料和辅助材料的摩尔比是苯酚：甲醛：氢氧化钠：水＝1：1.5：0.25：7.5。其中，水的量是添加的水量、甲醛含水量及碱溶液中含水量之和。

三、 仪器与试剂

1. 仪器

电磁搅拌器，三口瓶（250mL），回流冷凝管，温度计，Y形管。

2. 试剂

甲醛（37％水溶液），氢氧化钠（40％水溶液），苯酚。

四、 实验步骤

（1）在250mL三口瓶上装置电磁搅拌器、回流冷凝管和Y形管，Y形管上口分别连接温度计和滴液漏斗。加入20g（0.21mol）苯酚（为避免氧化，苯酚一般是盛在小口棕色试剂瓶中，在室温下苯酚呈固态，取出不便。可将盛苯酚的试剂瓶置于装热水的大烧杯内加热，熔化后即可顺利倒出），开动搅拌器，加入5.3g（3.7mL，0.053mol）40％的氢氧化钠水溶液和5mL水。加热至40～50℃并保持20～30min，然后于42～45℃下，在0.5h内滴入22g（0.27mol）37％甲醛。反应温度在 45～50℃ 间保持 0.5h 后逐步升高，在约 70min 内由 50℃ 升至 87℃，然后在 20～25min 内升温至 95℃ 并在此温度下保持 18～20min。冷却至 82℃ 并保持约 20min，滴入 4g（0.05mol）37％甲醛（两次共加入甲醛 26g，0.32mol）和 4mL 水。逐步升温至 92～96℃ 并继续反应 20～60min❶，冷却至室温即得到酚醛树脂胶黏剂。该胶黏剂在室温下可保存 3～5 个月。

（2）实验时间 5～6h。

（3）将本实验所制得的酚醛树脂涂敷在待胶接的物件表面，于 120～145℃ 的温度和 0.3～2.0MPa 的压强条件下固化 8～10min。若在室温下胶接，需延长时间。这类胶黏剂可在加压、加热条件下制得高级胶合板。

五、 实验操作注意事项

苯酚的毒性与正确使用方法如下。

1. 健康危害

苯酚对皮肤、黏膜有强烈的腐蚀作用，可抑制中枢神经或损害肝、肾功能。苯酚引起的急性中毒包括：吸入高浓度蒸气可致头痛、头晕、乏力、视物模糊、肺水肿等。误服引起消化道灼伤，出现烧灼痛，呼出气带酚味，呕吐物或大便可带血液，有胃肠穿孔的可能，可出现休克、肺水肿、肝或肾损害，出现急性肾功能衰竭，可死于呼吸衰竭。眼接触可致灼伤。灼伤皮肤吸收后经过一定潜伏期会引起急性肾功能衰竭。苯酚引起的慢性中毒包括：头痛、头晕、咳嗽、食欲减退、恶心、呕吐，严重者引起蛋白尿。可致皮炎。

---

❶ 从升温后 20min 开始，持续取样一滴作反复捏拉，当能拉成丝时即可停止反应。如反应时间过长，聚合物的聚合度过高，会使树脂从乳液中析出。

2. 急救措施

① 皮肤接触　立即脱去污染的衣着，用甘油、聚乙烯乙二醇或聚乙烯乙二醇和酒精混合液（7：3）抹洗，然后用水彻底清洗。或用大量流动清水冲洗至少15min。就医。

② 眼睛接触　用大量流动清水或生理盐水彻底冲洗至少15min。就医。

③ 吸入　迅速脱离现场至空气新鲜处。保持呼吸道通畅。如呼吸困难，输氧。如呼吸停止，立即进行人工呼吸。就医。

④ 食入　立即给饮植物油15～30mL。催吐。就医。

3. 消防措施

① 危险特性　遇明火、高热可燃。

② 有害燃烧产物　一氧化碳、二氧化碳。

③ 灭火方法　消防人员必须佩戴防毒面具、穿全身消防服，在上风向灭火。

④ 灭火剂　水、抗溶性泡沫、干粉、二氧化碳。

⑤ 泄漏应急处理　小量泄漏时用干石灰、苏打灰覆盖；大量泄漏时收集回收或运至废物处理地。

⑥ 操作注意事项　密闭操作，提供充分的局部排风。尽可能采取隔离操作。长时间使用时建议操作人员佩戴自吸过滤式防尘口罩，戴化学安全防护眼镜，穿透气型防毒。

⑦ 实验完成，样品经老师检查后，放入指定的回收容器中。

六、　思考题

(1) 热固性树脂和热塑性树脂的结构有何不同？

(2) 在整个反应过程中，为什么要有控制地、逐步地升温？

（3）在碱性催化剂催化下，酚醛缩合生成酚醛树脂的过程可分为几个阶段，每个阶段酚醛树脂的结构、溶解性及熔融性有何特点？

参考文献 —>>

［1］董建娜，陈立新，梁滨，等．水溶性酚醛树脂的研究及其应用进展．中国胶粘剂，2009，18（10）：37-41.

［2］黄发荣，焦杨声．酚醛树脂及其应用．北京：化学工业出版社，2003.

实验八 ▶▶

甲基丙烯酸甲酯的本体聚合和有机玻璃的制备

一、 实验目的

(1) 了解自由基本体聚合的特点和实施方法。

(2) 熟悉有机玻璃柱的制备方法,了解其工艺过程。

二、 实验原理

有机玻璃是聚丙烯酸酯类透明塑料,一般是指聚甲基丙烯酸甲酯(PMMA)的俗称,它是一种高透明无定形的热塑性塑料(图8.1),透光性佳,密度较小,具有突出的耐候性和耐老化性,化学性能稳定,有良好的热塑加工性能和电绝缘性能,但耐热性和耐磨损性较差。航空有机玻璃是指用于飞机座舱盖、风挡、机舱、舷窗等部位的一种有机透明结构材料。

PMMA属于热塑性塑料,一般分为有机玻璃板材、棒材、管材、块状等和有机玻璃模塑料。有机玻璃板材通常采用本体的聚合方法制得,其具体过程为单体在光、热或引发剂的作用下自身进行聚合反应,由于聚合物能够溶解于单体中,虽然随聚合反应的进行黏度逐渐增大,但仍为均一体系,属于均相聚合反应。甲基丙烯酸甲酯在过氧化苯甲酰引发剂存在下进行如式(8.1)的聚合反应:

图 8.1　有机玻璃制品

$$n\mathrm{CH_2}{=}\underset{\mathrm{COOCH_3}}{\overset{\mathrm{CH_3}}{\mathrm{C}}} \longrightarrow {\Big[}\mathrm{CH_2}{-}\underset{\mathrm{COOCH_3}}{\overset{\mathrm{CH_3}}{\mathrm{C}}}{\Big]}_n \qquad (8.1)$$

　　本体聚合是指单体仅在少量的引发剂存在下进行的聚合反应，或者直接在热、光和辐照作用下进行的聚合反应。本体聚合具有产品纯度高和无需后处理等优点，可直接聚合成各种规格的型材。但是，由于聚合后期体系黏度大，聚合热难以散去，反应控制困难，导致产品发黄，出现气泡，从而影响产品的质量。本体聚合进行到一定程度，体系黏度大大增加，大分子链的移动困难，而单体分子的扩散受到的影响不大，链引发和链增长反应照常进行，而增长链自由基的终止受到限制，结果使得聚合反应速率增加，聚合物分子量变大，出现所谓的自动加速效应。更高的聚合速率导致更多的热量生成，如果聚合热不能及时散去，会使局部反应"雪崩"式地加速进行而失去控制，出现爆聚现象。因此，自由基本体聚合中，控制聚合速率使聚合反应平稳进行是获取无瑕疵型材的关键。

　　聚甲基丙烯酸甲酯为无定形聚合物，具有高度的透明性，因此称为有机玻璃。聚甲基丙烯酸甲酯具有较好的耐冲击强度与良好的低温性能，是航空工业与光学仪器制造业的重要材料。有机玻璃表面光滑，在一定的曲率内光线可在其内部传导而不逸出，因此在光导纤维领域得到应用。但是，聚甲基丙烯酸甲酯耐候性差，表面易磨损，可以使用甲基丙烯酸甲酯与苯乙烯等单体共聚来改善耐磨性。

有机玻璃是通过甲基丙烯酸甲酯的本体聚合制备的。甲基丙烯酸甲酯的密度小于聚合物的密度，在聚合过程中出现较为明显的体积收缩。为了避免体积收缩，利于散热，工业上往往采用二步法制备有机玻璃。在过氧化苯甲酰引发下，甲基丙烯酸甲酯聚合初期平稳反应，当转化率超过20％之后，聚合体系黏度增加，聚合速率显著增加。此时应该停止第一阶反应，将聚合浆液转移到模具中，低温反应较长时间。当转化率达到90％以上后，聚合物也已成形，可以升温使单体完全聚合。引发剂的使用量应视制备的制品厚度而定。

三、 仪器与试剂

1. 仪器

锥形瓶，试管，圆底烧杯（100mL），恒温水浴，温度计，试管夹，保鲜膜。

2. 试剂

甲基丙烯酸甲酯（MMA），过氧化二苯甲酰（BPO）。

四、 实验步骤

（1）准备阶段取锥形瓶一支，试管一支，试管用洗液、自来水、蒸馏水依次洗涤干净，烘干备用。

（2）在干净、干燥的100mL圆底烧杯中加入40mL甲基丙烯酸甲酯，准确称取0.04g过氧化二苯甲酰，混合均匀，使过氧化二苯甲酰完全溶解，取适量混合液加入试管，为防止水汽进入试剂瓶，用保鲜膜将口封好。

（3）将锥形瓶置于 80～90℃恒温水浴加热（记下放入时间）。每隔一段时间观察聚合现象，观察反应的黏度变化至形成黏性薄浆（似甘油状或稍黏些，反应需 0.5～1h），此时停止加热。在加热时要控制好温度，保持聚合反应平稳进行，否则会出现爆聚现象。然后马上用自来水冲洗锥形瓶外壁降温，到 40℃停止聚合反应。

（4）将上述制得的预制物，置于 50℃水浴中继续反应，保持 24h。冷却后将模具砸碎，得到透明光滑的有机玻璃制品。

五、 结果与讨论

实验结果：得到透明无色的固体有机玻璃柱，并观察实验所得产物规整度。

六、 实验操作注意事项

（1）时间仅对聚合反应进行的程度产生影响。在一定温度下聚合时，开始一段时间内引发剂分解产生的初级自由基被杂质等终止，不能引发单体使其增长，因此没有聚合物产生，通常称这一段时间为诱导期。过了诱导期引发作用开始，转化率达到 10% 以后，体系黏度明显增大，终止速率大大下降，使得聚合速率大大提高，转化率达到 90%以上时，聚合速率又变得很慢，甚至停止，此时即使再延长反应时间也无济于事，要使聚合更完全，只有提高反应温度。

（2）温度是使单体活化引起聚合反应的主要条件，又是促进聚合、决定聚合速率的主要因素。一般来说，温度升高，聚合速率会增大，同时产物分子量则会下降。温度过高，会引起爆聚，造成事故，产生废品；温度控制不均匀形成局部过热，产品会出现气泡等缺陷。伴随温度的变化还有体积的变化。由于有机玻璃是热的不良导体，如聚合生成时出现急剧的温度变化或盲目采用强制降温，局部过冷造成的收缩不匀就导致应力集中。有时在生产过程中脱模前或脱模后马上表现出来，出现模具和成品的碎裂或成品表面局部出现银丝裂纹（简称银纹）。

（3）引发剂的种类和数量与聚合反应和产物分子量有密切的关系。相同的条件下，加入不同数量的引发剂对聚合反应的影响不同。实验表明，单体中引发剂含量越大，聚合速率也就越快。在一定量的单体中，引发剂越多，生成的活化中心就越多，形成的活性链就越多，分配到每个链上的单体数目就相应减少，分子量就会变小。反之，引发剂用量少，则聚合物的分子量就会增大。引发剂浓度增加，体系产生自动加速效应的时间提前，达到聚合终点的时间也缩短。

七、 思考题

（1）本体聚合与其他聚合方法比较有何特点？

（2）采用预制浆的目的是？

（3）本体聚合与其他聚合方法为何要在低温下聚合然后升温？如何避免有机玻璃中产生气泡？

（4）MMA 单体相对密度为 0.94，聚合相对密度为 1.99，计算安全聚合后体积的收缩率，若要制得厚 5mm、长 20mm、宽 15mm 的有机玻璃平板，所需的单体量为多少？

参考文献 →》

[1] 汪联辉，凌启淡，章文贡，等. 甲基丙烯酸甲酯与稀土配合物单体的共聚合研究. 高分子学报，2000，1：19-26.

[2] 唐广粮，郝广杰，宋谋道，等. 离子型共聚单体用于高固含量无皂乳液聚合的研究——甲基丙烯酸异丁酯/甲基丙烯酸甲酯/丙烯酸丁酯无皂乳液聚合体系. 高分子学报，2000，3：267-270.

实验九 ▶▶

手糊成型技术制备玻璃钢
及拉力机的使用

一、 实验目的

（1）掌握手糊成型工艺的技术要点、操作程序和技巧。

（2）学会合理剪裁和铺设玻璃布、毡。

（3）进一步理解不饱和聚酯树脂和胶衣树脂的配方、凝胶、固化和富树脂层等概念和实际意义。

（4）掌握拉力试验机的使用方法。

二、 实验原理

1. 手糊成型工艺

玻璃纤维增强树脂基复合材料（玻璃钢）由于具有高比强度、高比模量、耐疲劳、耐腐蚀等优良性能，在航天、航空、船舶、汽车、建筑和体育器材等领域得到了广泛应用，图 9.1 为玻璃钢电缆管。

复合材料的成型工艺有很多，手糊成型是最基本的成型方法，它是以手工作业形式把玻璃纤维和树脂交替地层铺起来，对于那些品种变化较多而又少量生产的大型制品，手糊是最为合适的方法，该法设备价格低，投入少，生产人员经过训练能生产相当高难度的制品。手糊成型的特点：工艺性强，可成型各种形状的制品，且尺寸不受限制，但制品的壁厚不易精确控制；手糊成型工艺不宜使用较多的填料；成型周期长；

图 9.1 玻璃钢电缆管

工作者体力劳动强度大，劳动条件不佳。在所有纤维增强塑料成型工艺中，都会面临以下几个基本问题：a. 纤维含量的控制；b. 制品厚度控制；c. 充分脱泡；d. 避免制品不完全固化。手糊成型也面临着上面几个问题，所以手糊成型中的经验对其他成型工艺有很好的参考价值。

　　不饱和聚酯主要是二元醇与不饱和二元酸（或酸酐）或饱和二元酸（或酸酐）与不饱和二元醇的缩聚产物。这种聚酯的分子是线型结构，主链含有可聚合的双键。在引发剂和促进剂的作用下可以与各种烯类单体聚合，形成体型结构。其最主要的特点是交联时无副产物生成，可以在室温下固化，室温下黏度比较低，易浸润玻璃纤维，使用比较方便，适用于低压成型的玻璃钢。手糊成型制备玻璃钢的过程中，在适当温度和一定的时间作用下，树脂和玻璃纤维紧密黏结在一起，成为一个坚硬的整体制品。在这一过程中玻璃纤维的物理状态前后没有发生变化，而树脂则从黏流的液态转变成坚硬的固态，该过程称为不饱和聚酯树脂的固化。

2. 拉力试验机

　　拉力试验机又名万能拉力机（如图 9.2 所示），是用来对各种材料进行静载、拉伸、压缩、弯曲、剪切、撕裂、剥离等力学性能试验用的机械加力试验机，适用于塑料板材、管材、异型材、塑料薄膜、橡胶、电线电缆、钢材、玻纤维等材料的各种物理机械性能测试，是材料开发、物性试验、教学研究、质量控制等不可缺少的检测设备。不同的材料需要不同的夹具，拉力机夹具是仪器的重要组成部分，也是试验能否顺利进行及影响试验结果准确度的一个重要因素。

图 9.2　万能拉力机

拉力试验机力值的测量是由测力传感器、扩大器和数据处置系统来完成的。由材料力学得知，在小变形前提下，一个弹性元件某一点的应变 ε 与弹性元件所受的力成正比，也与弹性的变构成正比。以 S 型试验机传感器为例，当传感器遭到拉力 P 的效果时，因为弹性元件外表粘贴有应变片，由于弹性元件的应变与外力 P 的大小成正比，故将应变片接入测量电路中，即可通过测其输出电压来测力的大小。

形变的测量通过形变测量仪来进行，它是用来测量试样在实验进程中发生的形变大小。该仪器上有两个夹头，经由一系列传感器与安装在顶部的光电编码器连在一起，当两夹头间的间隔发作转变时，带动光电编码器的轴扭转，光电编码器就会有脉冲信号输出。再由处置器对信号进行处置，就可以得出试样的变形量。横梁位移的测量原理大致相同，都是经过测量光电编码器的输出脉冲数来获得横梁的位移量。

三、　仪器与材料

1. 仪器

玻璃板（钢化），钢尺，剪刀，刮板，毛刷，拉力试验机。

2. 材料

不饱和聚酯树脂，过氧化苯甲酰，玻璃纤维布，三乙醇胺，聚乙烯醇，丙酮。

四、 实验步骤

1. 手糊成型

（1）模具上涂抹脱模剂——聚乙烯醇，干燥。

（2）称取过氧化苯甲酰 0.2g（约为树脂质量的 1%）放入蒸发皿中，用 2mL 丙酮溶解，加入不饱和聚酯树脂 20g，并加入三乙醇胺 5 滴，用玻璃棒搅拌均匀。用小刷子在已经涂过聚乙烯醇脱模剂并已干燥的模具上涂一层树脂。

（3）当胶衣树脂开始凝胶时立即铺放一层细玻璃纤维布，使胶衣层与细玻璃纤维布紧密黏合，并注意防止损伤胶衣和裹入空气。

（4）在细玻璃纤维布上再涂一层树脂，铺上一层粗玻璃纤维布，再涂上一层树脂，务必使树脂充分浸透到玻璃纤维内。共铺三层粗玻璃纤维布，最后铺一层细玻璃纤维布，再涂上一层树脂，并使其均匀平整。在室温常压下硬化成型，大约 24h 即可完全硬化，不粘手时便可脱模取出玻璃钢制品，如图 9.3 所示。

（5）聚乙烯醇脱模剂的调制：取聚乙烯醇 10g，加水 50mL，搅拌下加热至 80～85℃使之完全溶解，待冷却至 50～55℃时加入 20mL 乙醇，5mL 丙酮，再搅拌均匀，冷却得到黏性的透明液。

2. 抗弯曲试验

（1）打开拉力试验机的电源开关，并对夹具进行调整，可以拉伸试制好的试样。

（2）打开与试验机相连的电脑，打开拉力机试验程序，并对参数进

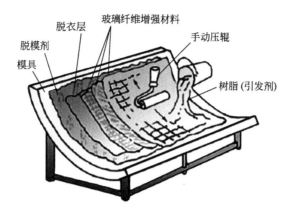

图 9.3　手糊成型制备玻璃钢示意

行调整。

（3）对参数进行设置，测量并输入试验样品的宽度、厚度、长度值，并对预载荷拉伸速度进行设置。

（4）安装试样，夹具装好之后安装试验样品，并把样品拉紧。点击"开始"按钮开始实验。

（5）拉伸的曲线是自动绘制的，试验样品拉断之后，可保存数据，点击文件—保存—选择文件夹即可。

（6）试验做完后，选择做好的文件名称，点击鼠标右键，然后选择输出 Excel 表格，可以把数据输出到 Excel 当中。

五、　结果与讨论

样品颜色外形：

测试结果记录于表 9.1。

表 9.1　测试结果

项目	结果
试样尺寸($l \times b \times h$)/mm×mm×mm	
加载速度 v/(mm/min)	
试样跨距 L/mm	
破坏载荷 P/N	
弯曲强度 δ/MPa	

六、 实验操作注意事项

（1）在制品的表面需要敷制一种特制的面层，称为制品的表面层。制品表面层的质量对其耐候性、耐水性和耐化学性能影响很大，表面层不但能起到美化制品的作用，而且能保护制品不受周围介质的侵蚀，达到延长制品使用寿命的目的。

（2）不饱和聚酯树脂的凝胶时间除与配方有关外，还与环境温度、湿度、制品的厚度等有很大关系。因此在实验之前应做凝胶试验，以便根据具体情况确定引发剂、促进剂的准确用量，对于初学者建议凝胶时间控制在 15~20min 内较为合适。

（3）涂刷时顺着一个方向从中间向两边把气泡赶尽，使玻璃布贴合紧密，含胶量均匀。铺第一层、第二层布时，树脂含量应高些，这样有利于浸透织物并排除气泡。

七、 思考题

（1）不饱和聚酯树脂有哪两种固化体系？简述引发剂、促进剂的作用原理。

（2）分析本实验手糊制品产生缺陷的原因及解决办法。

参考文献 —》》

[1] 欧国荣，倪礼忠. 复合材料工艺与设备. 上海：华东化工学院出版社，1991.

[2] 方群英，周润培. 含胶量对手糊玻璃钢的影响. 玻璃钢/复合材料，2000（4）：34-35.

一、原理

拉力试验机采用电子装置对载荷和试件的变形及横梁的位移进行精确的控制、测量、自动显示和自动记录，如配备了计算机，则可以进行程序控制并对试验结果进行处理；它采用伺服电机和机械传动系统加载试件，有准确的加载速度和较宽的速度范围（0.05～500mm/min），如将负荷测量、变形测量、速度控制、函数发生器及机械传动系统构成闭环系统，则能实现恒载荷、恒应变等各种控制方式。

二、操作步骤

（1）打开拉力试验机的电源开关，并对夹具进行调整，可以拉伸提前制好的式样。拉力试验机及换装夹具如图9.4所示。

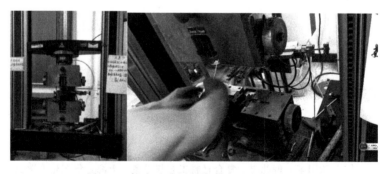

图9.4 拉力试验机及换装夹具

（2）打开与拉力试验机相连的电脑，打开拉力机试验程序，并对参数进行调整，电脑界面如图9.5所示。

图 9.5　拉力机试验程序

（3）对参数进行设置，测量并输入试验样品的宽度、厚度、长度值，并对预载荷拉伸速度进行设置，如图 9.6 所示。

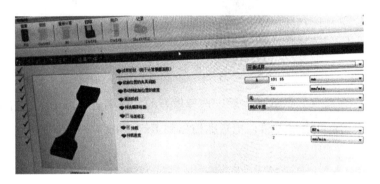

图 9.6　测试参数设置

（4）安装试样，夹具装好之后安装试验样品，并把样品拉紧。点击"开始"按钮可进行开始实验，如图 9.7 所示。

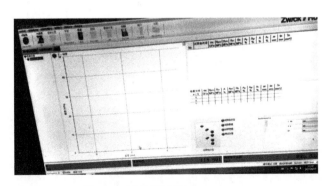

图 9.7　试样测试界面

（5）拉伸的曲线是自动绘制的，试验样品拉断之后，可保存数据，点击文件—保存—选择文件夹即可。如图 9.8 所示。

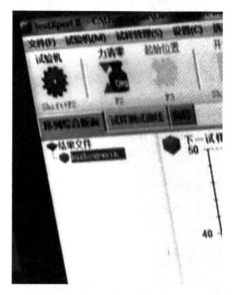

图 9.8 数据的保存

（6）试验做完后，选择做好的文件名称，点击鼠标右键，选择输出 Excel 表格，可以把数据输出到 Excel 中。

第四篇

非金属材料实验

合成ZSM-5分子筛并测定其比表面积

一、 实验目的

(1) 了解沸石分子筛的性质、应用及水热合成方法。

(2) 掌握高温高压水热法的实验操作方法与注意事项。

(3) 掌握物理吸附仪测定材料比表面积及孔径分布的方法。

二、 实验原理

1. 分子筛

分子筛包括人工合成的具有筛选分子作用的水合硅铝酸盐（泡沸石）和天然沸石。分子筛骨架的最基本结构是 SiO_4 和 AlO_4 四面体，通过共有的氧原子结合而形成三维网状结构的结晶。这种结合形式构成了具有分子级、孔径均匀的空洞及孔道。由于结构不同、形式不同，"笼"形的空间孔洞分为 α、β、γ、六方柱、八面沸石等结构。分子筛在结构上有许多孔径均匀的孔道和排列整齐的孔穴，不同孔径的分子筛把不同大小和形状的分子分开。图 10.1 为分子筛的层次结构示意。根据 SiO_2 和 Al_2O_3 的分子比不同，得到不同孔径的分子筛。其型号有：3A（钾 A 型）、4A（钠 A 型）、5A（钙 A 型）、10Z（钙 Z 型）、13Z（钠 Z 型）、Y（钠 Y 型）、钠丝光沸石型等。它的吸附能力高、选择性强、耐高温，广泛用于有机化工和石油化工，也是煤气脱水的优良吸附剂，在废气净化上的应用也日益受到重视。

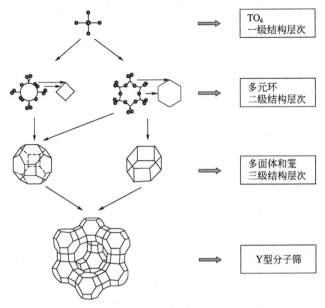

图 10.1　分子筛的层次结构示意

　　由于 AlO_4 四面体具有一个负电荷，可以结合 Na^+ 等离子，成为电中性。在水溶液中，Na^+ 很容易与其他阳离子交换。大多数分子筛催化剂是多价金属阳离子或 H^+ 的交换物，分子筛具有酸性和对分子大小的选择性，可以作为催化剂或载体使用。高二氧化硅沸石对有机基团表现出很高的亲和力，相比之下，低二氧化硅沸石由于具有 Lewis 和Bronsted 酸特性而表现出亲水性。硅及铝原子通过氧构成氧环，氧环的大小决定沸石的细孔孔径。每个氧环的氧原子数目为 4～12 个。通常具有分子筛作用的有八元环（0.4～0.5nm）、十元环（0.5～0.6nm）及十二元环（0.7～0.9nm）。具有十二元环的有 Y 型分子筛（硅铝比为 3.1～6.0）和丝光沸石（硅铝比为 9～11）。前者可用作裂化催化剂、双功能催化剂，后者可用作甲苯的歧化催化剂，十元环的有 ZSM-5、ZSM-11 等部分 ZSM 系列分子筛。

　　ZSM-5 沸石具有很高的硅铝比，根据需要可合成出不同硅铝比的分子筛而且可以在 10～3000 甚至以上的广阔范围内变化。ZSM-5 沸石含有十元环，基本结构单元是由 8 个五元环组成的。其晶体结构属于斜方晶系，空间群 Pnma，晶格常数 $a = 20.1Å$❶、$b = 19.9Å$、$c =$

13.4Å。它具有特殊的结构，没有 A 型、X 型和 Y 型沸石那样的笼，其孔道就是它的空腔。其骨架由两种交叉的孔道系统组成：直筒形孔道是椭圆形，长轴为 5.7～5.8Å，短轴为 5.1～5.2Å；"Z"字形横向孔道截面接近圆形，孔径为（5.4±0.2）Å。属于中孔沸石。"Z"字形通道的折角为 110°。Na^+ 位于十元环孔道对称面上。其阴离子骨架密度约为 1.79g/cm^3。

ZSM-5 分子筛在国内已有广泛的用途，主要应用在柴油临氢降凝催化剂和固定床催化裂化催化剂，流动床催化裂化反应（FCC）上的催化剂添加 ZSM-5 分子筛对提高汽油辛烷值、增加气体的烯烃含量有很大益处。ZSM-5 分子筛最常用于国内外 FCC 催化剂添加，其 SiO_2/Al_2O_3（摩尔比）主要集中在 40～50 之间；国内 FCC 的助剂在降低汽油中烯烃含量上的应用较广，在这方面的应用中分子筛的 SiO_2/Al_2O_3 在 38～40 之间；国内外的渣油催化裂化采用 SiO_2/Al_2O_3 在 25～30 之间的分子筛。此外 ZSM-5 分子筛在化工中广泛地应用于择形催化，如对二乙苯催化剂、二甲苯异构化催化剂；在环保方面，对水中有机物的提取采用高硅 ZSM-5 分子筛，其 SiO_2/Al_2O_3 在 220～400 之间。

2. 水热法

水热法，是指在密封的压力容器中，以水作为溶剂，粉体经溶解和再结晶过程制备材料的方法。相对于其他粉体制备方法，水热法制得的粉体具有晶粒发育完整，粒度小且分布均匀，颗粒团聚较轻，可使用较为便宜的原料，易得到合适的化学计量物和晶形等优点。尤其是水热法无须高温煅烧处理，避免了煅烧过程中造成的晶粒长大、缺陷形成和杂质引入，因此所制得的粉体具有较高的烧结活性。本实验将采用水热合成 ZSM-5 型分子筛。

3. BET 法

在测定微孔或者介孔等材料的比表面积实验中，最常用的 BET 法分为静态法和动态法。BET 物理吸附仪如图 10.2 所示。动态法中的容量法测定过程机械化程度高，测定结果比较准确，所以是一种常用的测定方法。

图 10.2　BET 物理吸附仪

低温氮吸附容量法测催化剂比表面积的理论依据是 Langmuir 方程和 BET 方程。Langmuir 吸附模型假定条件为：

① 吸附是单分子层的，即一个吸附位置只吸附一个分子；

② 被吸附分子间没有相互作用力；

③ 吸附剂表面是均匀的。

BET 方程模型条件为：

① 吸附剂表面可扩展到多分子层吸附；

② 被吸附组分之间无相互作用力，而吸附层之间的分子力为范德华力；

③ 吸附剂表面均匀；

④ 第一层吸附热为物理吸附热，第二层为液化热；

⑤ 总吸附量为各层吸附量的总和，每一层都符合 Langmuir 公式。

彭人勇等在《BET 氮气吸附法测粉体比表面积误差探讨》一文中提到了 BET 公式的适用范围。公式是按多层物理吸附模型推导出的。在液氮低温下，N_2 在绝大多数固体表面上的吸附是物理吸附。当相对压力很小的时候，氮分子数离多层吸附的要求太远，此时试验的点将偏离 BET 图的直线。另外，当相对压力变得较大时，除了吸附外，还会发生毛细管凝聚现象，丧失内表面，妨碍多层物理吸附的层数进一步增加。此时，BET 图偏离直线往上翘。对大多数样品来说，BET 公式的志向方位是相对压力在 0.05～0.35 之间。

所以，根据前人的经验，在本次实验中，用液氮维持样品的低温使被吸附分子间几乎没有相互作用。并且在相对压力为 0.05～0.30 之间进行取点实验。

三、 仪器与试剂

1. 仪器

物理吸附仪，电热恒温箱，电磁搅拌器，吸滤装置，不锈钢反应釜，电子天平，烧杯，广泛 pH 试纸等。

2. 试剂

氢氧化钠（NaOH），硫酸铝 $[Al_2(SO_4)_3]$，白炭黑，正丁胺，氯化钠（NaCl），去离子水。

四、 实验步骤

1. 溶液的配制

A 溶液：称取 0.375g 氢氧化钠和 3.21 氯化钠，溶于 20mL 去离子水中，然后加入 2.47g 白炭黑，用电磁搅拌器搅拌成均匀胶体。

B 溶液：称取 0.326g 硫酸铝，置于 100mL 烧杯中，加入 10mL 去离子水，搅拌至全部溶解。

2. 成胶过程

将 B 溶液滴加至正在搅拌的 A 溶液中，搅拌 10min 至均匀为止，然后加入 1.36mL 正丁胺，搅拌均匀。用广泛 pH 试纸测混合胶体的

pH 值。

3. 晶化与产物处理

把成胶的混合物装入聚四氟乙烯釜套中，然后放入不锈钢反应釜中，拧紧釜盖，放入电热恒温箱中于 180℃晶化 7d 左右，取出。以水冷至室温后，将产物吸滤，水洗至 pH＝8～9，于 110℃干燥得 ZSM-5 沸石分子筛原粉。

4. 比表面积及孔径分布分析

利用美国康塔 evo 型物理吸附仪对上步合成的 ZSM-5 分子筛进行测试，测试步骤见本实验扩展阅读。

五、 结果与讨论

样品颜色外形：

产量：

产率：

比表面积：

孔径分布图：

六、 实验操作注意事项

（1）将实验反应物装入高压反应釜后一定要拧紧釜盖，防止实验过程中釜内压力过大冲开反应釜后高温液体溅出烫伤实验人员。

（2）使用烘箱加热反应时一定要控制好烘箱的温度，如果温度过高，釜内压力太大，高压反应釜可能发生爆炸。

（3）使用离心机分离反应产物时需在对称位置上放置等重样品进行

离心，单个样品离心时需在样品的对称位置放入离心杯，且杯中需装有与样品等重的水，再进行离心。

（4）BET 测试时，在向仪器杜瓦瓶中倾倒液氮时，要缓慢加注，防止瓶体因为温度剧变爆裂。不要在杜瓦瓶的上方进行实验操作，防止有异物掉入杜瓦瓶。

（5）样品管在使用前一定确保清洁，干燥。用手拿样品管时，应该戴上手套，防止手上的汗液污染样品管外壁影响称量。

（6）没有将样品管放入加热包禁止开启加热。潮湿样品未烘干，禁止直接在脱气站上脱气。样品不能装得太多，禁止超过球体的 2/3。样品不要粘在管壁上，样品一旦被抽入真空泵，会损坏真空泵，影响测试。

七、 思考题

（1）分子筛的结构、特性及其应用领域有哪些？

（2）水热合成法优点有哪些？

（3）如何分析 BET 测试结果？有哪几种类型的氮气吸脱附曲线？

参考文献 —≫

[1] 高炳军，高艳红，李金红．子模型在球罐应力分析中的应用．压力容器，2009，26（5）：27-31.

[2] 苏建明，刘文波，刘剑利．高硅铝比 ZSM-5 分子筛的合成及催化裂化性能研究．石油炼制与化工，2004，35（4）：18-22.

[3] 孙慧勇，胡建仙，王建，等．小晶粒 Fe-ZSM-5 分子筛合成过程中晶粒大小和分布的控制．石油化工，2001，30（3）：188-192.

[4] 柳翱，巴晓微，刘颖，等．BET 容量法测定固体比表面积．长春工业大学学报：自然科学版，2012，000（2）：197-199.

[5] 彭人勇，周萍华，王廷吉，等．BET 氮气吸附法测粉体比表面积误差探讨．非

金属矿，2001，24（1）：7-8.

扩展阅读　——》　比表面积及孔隙度分析操作步骤

一般情况下仪器处于待机状态，直接上样分析即可。否则见"六、完全开关机"。

一、样品准备

1. 样品管的选择

粉末样品：有 6mm、9mm、12mm 口径，底部为大玻璃泡的样品管可供选择。

颗粒样品：6mm 口径，底部为小玻璃泡的样品管。颗粒样品对样品管的选择性不强，粉末状样品的样品管对其也适用。

2. 称样

样品管称量→样品称量→样品＋空管称量，视样品比表面积决定称样量：

比表面积/(m²/g)	称样量/g
＞100	0.1 左右
10～100	0.1～1
1～10	＞1

二、脱气

（1）把装有样品的样品管固定安装在仪器面板右侧的"Outgaser"

栏中的 Station1 或 Station2，用夹子把加热包固定在样品管上。

（2）冷阱杜瓦瓶装上液氮后，固定在仪器中间挂钩上。

（3）点击 AS1win 软件上的 "operation" → "Outgaser control" 里选择 "Station1" 或 "Station2"（如果两个同时脱气，则全选），选择右边的 "Load"。

（4）脱气温度设置：在仪器面板右下方设置脱气温度，温度可通过仪器面板读取。一般先设为 70℃，温度慢慢上升至 70℃后保持 30min。接着把温度设为 300℃（视样品耐受温度决定），处理 4h 或以上，即可认为脱气比较完全。

（5）气体回填：脱气完毕后，先把温度降至 50℃左右，卸下加热包，用吸附质（N_2）回填样品管。具体操作点击 AS1win 软件上的 "operation" → "Outgaser control" 里选择 "adsorbate"，然后选择右边的 "Unload" 控制键等待 2～3min 即可（此时仪器面板上 "Outgaser" 栏的状态显示灯将由绿色变红色）。

（6）卸下样品管，用手指堵住样品管口，再一次称量样品和空管的总质量，此质量与空管质量相减，即得脱气后样品实际质量。

三、 样品分析

注意脱气站和分析站的关系：样品在进行吸附分析试验时，无法开始新的样品脱气操作；但设置完样品脱气操作后可进行样品分析站试验。

（1）将样品管安装在仪器面板左侧的样品位。

（2）分析站杜瓦瓶充上液氮后，放置于仪器左侧的升降托上。

（3）点击 AS1win 软件上的 "operation" → "Start anatysis" 进行参数设置。

1）样品参数设置（Admin），一般只需改变 "File name" 与 "Weight" 两个参数。

2）分析参数设置（Analysis），在该处选择所用的样品管型号，其余参数无需改动，采用默认设置。

3）测试点的设置（Points）

① 微孔测试：可采用已有的方法，即从面板下方"Load/Save"中选择"Load points"，然后选择 microle^{-6}. qcAS1points 或 microle^{-7}. qcAS1points 即可。也可通过"Advanced options"→"Micropore"自己进行编辑。

② 介孔与大孔测试：点击面板右下方"Advanced options"，选择 BET 测试点数、吸附与脱附点数。此时，在面板左上方就会出现选择的所有点数。

注：若只测试比表面积，不求孔径分布，则不需设置吸附与脱附点数。

4）设置"Tol"与"Equ"，点击面板左下方"All"（所有点数全选），在"Tol"与"Equ"左侧打上勾，一般设为"3"与"2"，然后点击"Apply to selected"。其余参数，如"Data Reduction"与"MP MaxiDose"，用户无需设置，采用默认设置即可。

注：以上设置的参数均可进行保存，点击"Load/Save"控键即可进行保存操作，路径是系统默认的，用户不需改动。

四、 退出程序命令

若在样品分析过程中出现意外情况（如停电等），需退出程序，则可采用以下两种方式。

（1）Abort Analysis 命令：点击 AS1win 软件里的"operation"→"Abort Analysis"，仪器做完当前正在做的点数后即可退出程序。

（2）仪器电源开关命令：关掉仪器后面的电源总开关，再打开，也可以执行退出程序，且该操作是立即执行的。

五、 数据处理

（1）通过 AS1win 软件界面打开目标数据文件。

（2）单击鼠标右键，可选择 Graphs、Tables 以及 Edit data Tags

等进行适合自己的数据处理。

① 比表面积数据处理：单击鼠标右键→Graphs→BET→多点 BET 或单点 BET→生成关于 BET 的线性图；单击鼠标右键→Tables→BET→多点BET 或单点 BET→生成关于 BET 的数据格式报告。

② 孔径分布数据处理：单击鼠标右键→"Edit data tags"→点击"P"。

③ 介孔：单击鼠标右键→Graphs→BJH method→desorption→生成关于该材料孔径分布图；单击鼠标右键→Tables→BJH method→desorption→生成关于该材料的孔径分布数据格式报告。

④ 微孔：单击鼠标右键→Graphs→HK 或 SF method→adsorption→生成关于该材料孔径分布图；单击鼠标右键→Tables→HK 或 SF method→adsorption→生成关于该材料的孔径分布数据格式报告。

（3）数据报告总体

单击鼠标右键→"Edit data tags"→点击"V"→在左边找到P/P_0最大值并选上→"Apply to selected"→关闭数据文件（以上步骤是为了读取孔容数据）→再打开数据文件→单击鼠标右键→"Tables"→"Area-Volume Summary"→"Area-Volume Summary"，则可出现抬头为"Quantachrome AS1win-Automated Gas Sorption Data"的数据报告文件→点击右键→"select all"→"copy 或 save as text"，即可把数据文件进行转移，还可直接转为 Excel 格式。

六、 完全开关机

1. 开机

（1）确认 N_2 与 He 气阀打开，且压力显示为 0.1MPa。

（2）打开仪器后面的开关总阀，仪器自检约需 10min。

（3）打开 PC 电源，在桌面上找到并双击"AS1win"程序图标。点击"operation"下的子目录"show instrument message"与"instrument status"，可查看仪器当前的状态信息。

2. 关机

"sample station""P0 station"以及"Outgassing station"等都堵上不锈钢小圆柱钉或样品管，然后关闭软件、电脑与仪器电源，关闭气瓶总阀。

3. 操作注意事项

（1）称量：理论上，比表面积越小，称样量应越大，但太大也不好。样品必须大于0.05g，才能保证称重误差小于1％。

（2）样品管：管外不能残留水滴。

（3）安装、取下样品管应保持竖直，避免管口破碎。

（4）脱气：仪器脱气温度最高为300℃。在样品能承受温度情况下，温度越高越好。如果样品耐受温度低，则一般低温下脱气过夜。

（5）液氮：测试完一个样品，观察分析站冷阱高度，可估计液氮液面位置。一般每次测试前将分析站剩余液氮倒入冷阱罐中，分析站重新灌装至距杯深2/3处。

（6）堵孔：仪器面板上不使用的装样位必须安装不锈钢小圆柱钉。

（7）珍惜样品管：严格清洗样品管，并烘干还回。

実験十一 ▶▶

高效粉煤灰絮凝剂的制备及其对废水的处理

一、 实验目的

(1) 掌握粉煤灰絮凝剂的制备原理和方法。

(2) 掌握紫外可见分光光度计的原理和使用方法。

(3) 了解絮凝剂的絮凝原理。

二、 实验原理

水是人类赖以生存的物质基础，水资源危机问题已成为制约我国经济和社会发展的主要因素，而水体污染、水资源破坏是造成水资源危机的重要原因。

近年来，随着我国电力工业的迅速发展，粉煤灰排放量也急剧增加，粉煤灰大量堆放本身已对环境造成很大污染。因此，粉煤灰的开发再利用已成为一个亟待解决的问题。如果成功将其变废为宝，制备出高性能的聚硅酸铝铁絮凝剂，用来处理被污染的水资源，可实现资源最大化利用，不仅使电厂周围环境得以改善，还能创造出一定的经济价值。本实验的主要目的就是以粉煤灰为主要原料，制备聚硅酸铝铁絮凝剂，用来处理废水，缓解日益严重的水资源污染现状。

粉煤灰与无机高分子絮凝剂聚硅酸铝铁具有相似的元素组成，是制备聚硅酸铝铁絮凝剂的天然原料。粉煤灰的矿物组成及化学组成见表

11.1 和表 11.2。粉煤灰中的铁元素以 Fe_2O_3 的形式存在，在酸性条件下很容易溶出；其中的二氧化硅和氧化铝以复盐 $3Al_2O_3 \cdot SiO_2$ 形式存在，其中的 Si—Al 键在一般条件下不易断开。因此，通过某种方法断开其中的 Si—Al 键以提高硅铝的溶出率是本实验的关键。要断开 Si—Al 键，只有对粉煤灰进行改性才能做到。粉煤灰的改性多采用酸改法、碱改法和盐改法。碱改法以 CaO、Na_2CO_3、NaOH 居多，酸改法多采用 HCl、H_2SO_4、氟化物，盐改法多采用 NaF、NaCl，还有钙基盐。很多情况下，两种改性方法联用也能得到很好效果。

表 11.1　粉煤灰的矿物组成

矿物名称	石英	莫来石	赤铁矿	磁铁矿	玻璃体
组成/%	0.9～18.6	2.7～34.1	0～4.7	0.4～13.8	50.2～79.0
均值/%	8.1	21.2	1.1	2.8	60.4

表 11.2　粉煤灰的化学组成

化学成分	SiO_2	Al_2O_3	Fe_2O_3	CaO	MgO	Na_2O	K_2O	烧失量
组成/%	34.3～65.8	14.6～40.1	1.5～6.2	0.4～16.8	0.2～3.7	0.1～4.2	0.1～2.1	0.6～29.9
均值/%	50.5	28.3	6.4	3.1	1.8	1.2	1.1	7.9

　　实验采用碱性助熔剂和酸联用的方法，以碳酸钠为助溶剂在一定温度下焙烧活化。在高温下，粉煤灰中的硅、铝、铁与纯碱发生固相反应打开 Al—Si 键，生成可溶性硅酸盐和铝酸盐，生成复合固态焙烧产物初级产品。在初级产品中加入一定浓度的盐酸，在一定温度下进行酸浸，进而将其溶于酸生成活性硅酸、铝盐和铁盐复合物，加入微量的氯化铁，调节 pH 值，静置陈化一定时间后，即得到产品聚硅酸铝铁絮凝剂液体。

　　Na_2CO_3 助溶原理：在高温下粉煤灰中的硅铝玻璃体（$Al_2O_3 \cdot 2SiO_2$）被溶解，分别生成可溶的硅酸钠和偏铝酸钠，反应式如下：

$$Al_2O_3 \cdot 2SiO_2 + 3Na_2CO_3 \longrightarrow 2Na_2SiO_3 + 2NaAlO_2 + 3CO_2$$

$$Na_2SiO_3 + 2HCl + H_2O \longrightarrow H_4SiO_4 + 2NaCl$$

$$NaAlO_2 + 4HCl \longrightarrow NaCl + AlCl_3 + 2H_2O$$

　　聚合氯化铝铁（PAFC）的脱色絮凝作用机理主要有 4 点。

　　(1) 压缩双电层理论　水处理中 PAFC 水解提供多核羟基络合物

与水中的胶体物质发生絮凝作用。分子量较小的高价络离子被水中的负电性胶粒和悬浮物吸引进入紧密层，压缩了胶粒的双电层、降低了屯电位，使胶粒迅速脱稳聚沉。

（2）吸附电中和理论　PAFC 在一定条件下水解，生成类似于双亲分子的络离子和多核络离子，这些离子进入液固界面，被电位离子牢固地吸附并中和了屯电位，从而使胶体脱稳并起到了吸附电中和的作用。

（3）吸附架桥理论　PAFC 在溶液中提供大量的高分子络合物及高分子疏水性氢氧化物聚合体，通过羟基桥联作用将高分子聚合体从不规则到规则的排列次序键联在一起发挥吸附架桥作用。

（4）网捕卷扫理论　聚合氯化铝铁在铝铁水解共聚过程中形成键联的基础上，键合了大量 Al(Ⅲ) 羟基络合物的 Fe(Ⅲ) 羟基络合物胶团相互连接成环，形成网状立体结构，通过吸附和卷扫网捕作用使水溶液中的溶质、胶体或悬浮物颗粒脱稳而产生絮状物或絮状沉淀物。

以上四种理论在絮凝过程中交叉进行且保持协调一致。

三、 仪器与试剂

1. 仪器

电子天平，量筒，烧杯，单口瓶，pH 试纸，磁力搅拌器，坩埚，电热套，回流冷凝管，温度计，紫外-可见分光光度计。

2. 试剂

粉煤灰，浓盐酸（HCl，AR），无水碳酸钠（Na_2CO_3，AR），六水合氯化铁（$FeCl_3·6H_2O$，AR），甲基橙（AR），聚硅酸铝铁絮凝剂。

四、 实验步骤

1. 絮凝剂的制备

将 5g 粉煤灰和 3.5g 碳酸钠装在坩埚中，置于 850℃的马弗炉内，焙烧活化 2h 后，取出冷却至室温（如随炉降温后取出，固体有一定的黏结性，会使初级产品极难粉碎，且铝、铁浸出率不高）。在 85℃ 的条件下，使用 60mL 浓度为 20% 的盐酸酸浸 1.5h。随后加入 0.5g 氯化铁固体，调节浸出液 pH 值为 5，熟化温度为 25℃，静置陈化 20h 后，即得到棕红色的聚硅酸铝铁絮凝剂液体。

2. 絮凝处理废水实验

首先配制 $2×10^{-5}$ mol/L 的甲基橙溶液，然后取 20mL 该溶液置于烧杯中，加入 20mL 自制的聚硅酸铝铁絮凝剂，在搅拌速率为 100r/min 时，搅拌 30min，静置沉淀 30min 后，取上清液，使用紫外-可见分光光度计，在波长 464nm 处测定絮凝前后甲基橙溶液的吸光度值。

色度去除率计算方法为：色度去除率＝（原甲基橙溶液的吸光度值－处理后甲基橙的吸光度值）/甲基橙溶液的吸光度值。

五、 结果与讨论

使用原始数据在 Origin 软件中，绘制絮凝前后甲基橙溶液的紫外-可见吸收光谱，并计算色度去除率。

六、 思考题

（1）制备絮凝剂过程中需要注意哪些问题？

（2）影响絮凝剂絮凝效果的因素有哪些？

（3）陈化的目的是什么？

参考文献 ➔➤

［1］容凯．粉煤灰制备聚硅酸金属盐絮凝剂对废水处理性能研究．上海：华东理工大学，2018．

［2］王玉飞，闫龙，邢娜，等．粉煤灰基聚硅酸铝铁絮凝剂处理洗煤废水研究．非金属矿，2018，41（06）：80-82．

［3］路红霞．利用粉煤灰制备聚合氯化铝铁絮凝剂的实验研究．呼和浩特：内蒙古工业大学，2010．

［4］王海霞．粉煤灰絮凝剂的制备及其处理印染废水的实验研究．成都：西华大学，2012．

实验十二 ▶▶

焙烧温度对高岭土粒度及白度的影响

一、 实验目的

(1) 全面了解有关高岭土的知识。

(2) 掌握高岭土的性质和应用。

(3) 探索在煅烧过程中温度对高岭土颗粒大小的影响，并分析其影响因素。

二、 实验原理

1. 高岭土简介

地球上的矿产，主要分为能源矿产、金属矿产和非金属矿产三种类型。高岭土是一种重要的非金属矿产，与云母、石英、碳酸钙并称为四大非金属矿。高岭土主要由小于 $2\mu m$ 的微小片状、管状、叠片状等高岭石簇矿物（高岭石、地开石、珍珠石、埃洛石等）组成，其主要矿物成分是高岭石和多水高岭石，除高岭石簇矿物外，还有蒙脱石、伊利石、叶蜡石、石英和长石等其他矿物伴生。高岭土的化学成分中含有大量的 Al_2O_3、SiO_2，少量的 Fe_2O_3、TiO_2 以及微量的 K_2O、Na_2O、CaO 和 MgO 等。高岭土的晶体化学式为 $2SiO_2 \cdot Al_2O_3 \cdot 2H_2O$，其理论化学组成为 46.54% 的 SiO_2、39.5% 的 Al_2O_3、13.96% 的 H_2O。高岭土类矿物属于 1∶1 型层状硅酸盐，晶体主要由硅氧四面体和铝氧八面体组成，其中硅氧四面体以共用顶角的方式沿着二维方向联结形成六方排列的网格层，各个硅氧四面体未公用的尖顶氧均朝向一边；由硅氧四面体层和铝氧八面体层公用硅氧四面体层的尖顶氧组成 1∶1 型的单位层，如图 12.1 所示。

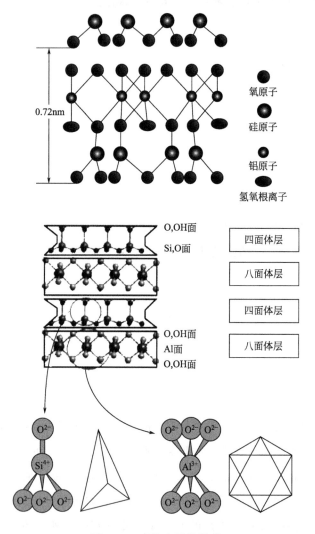

图 12.1　高岭土结构模型

　　中国是世界上最早发现和利用高岭土的国家，远在 3000 年前的商代所出现的刻纹白陶就是以高岭土制成。江西景德镇生产的瓷器名扬中外，历来有"白如玉、明如镜、薄如纸、声如磬"的美誉。现在国际上通用的高岭土学名——Kaolin，就是来源于景德镇东郊高岭村边的高岭山。据史料记载，法国传教士昂特柯莱，在 1712 年一份著名的书简中向欧洲专门介绍过高岭山上瓷土的特点。该文对全世界的瓷器制造业产生过深远的影响，使高岭土在欧洲逐渐得名，并成为该类瓷土在国际上的通用名词。

2. 高岭土的特性

（1）白度和亮度　白度是高岭土工艺性能的主要参数之一，纯度高的高岭土为白色。高岭土白度分自然白度和煅烧后的白度。对陶瓷原料来说，煅烧后的白度更为重要，煅烧白度越高则质量越好。陶瓷工艺规定烘干 105℃ 为自然白度的分级标准，煅烧 1300℃ 为煅烧白度的分级标准。白度可用白度计测定。白度计是测量对 $3800 \sim 7000 Å$ 波长光的反射率的装置。在白度计中，将待测样与标准样（如 $BaSO_4$、MgO 等）的反射率进行对比，即白度值，如白度 90 即表示相当于标准样反射率的 90%。亮度是与白度类似的工艺性质，相当于 $4570 Å$ 波长光照射下的白度。高岭土的颜色主要与其所含的金属氧化物或有机质有关。一般含 Fe_2O_3 呈玫瑰红、褐黄色；含 Fe^{2+} 呈淡蓝、淡绿色；含 MnO_2 呈淡褐色；含有机质则呈淡黄、灰、青、黑色。这些杂质的存在降低了高岭土的自然白度，其中铁、钛矿物还会影响煅烧白度，使瓷器出现色斑或熔疤。

（2）粒度分布　粒度分布是指天然高岭土中的颗粒，在给定的连续的不同粒级（以毫米或微米筛孔的网目表示）范围内所占的比例（以百分含量表示）。高岭土的粒度分布特征对矿石的可选性及工艺应用具有重要意义，其颗粒大小对其可塑性、泥浆黏度、离子交换量、成型性能、干燥性能、烧成性能均有很大影响。高岭土矿都需要进行技术加工处理，是否易于加工到工艺所要求的细度，已成为评价矿石质量的标准之一。各工业部门对不同用途的高岭土都有具体的粒度和细度要求。如美国对用作涂料的高岭土要求小于 $2 \mu m$ 的占 90%～95%，造纸填料小于 $2 \mu m$ 的占 78%～80%。

（3）烧结性　烧结性是指将成型的固体粉状高岭土坯体加热至接近其熔点（一般超过 1000℃）时，物质自发地充填粒间隙而致密化的性能。气孔率下降到最低值，密度达到最大值的状态，称为烧结状态，相应的温度称为烧结温度。继续加热时，试样中的液相不断增加，试样开始变形，此时温度即称转化温度。烧结温度与转化温度的间隔称烧结范围。烧结温度和烧结范围在陶瓷工业中是决定坯料配方、选择窑炉类型的重要参数。试料以烧结温度低、烧结范围宽（100～150℃）为宜，工艺上可以用掺配助熔原料及将不同类型的高岭土按比例掺配的方法控制烧结温度及烧结范围。

（4）离子吸附性及交换性　高岭土具有从周围介质中吸附各种离子及杂质的性能，并且在溶液中具较弱的离子交换性质。这些性能的优劣主要取决于高岭土的主要矿物成分，不同类型高岭土的阳离子交换容量不同，高岭石为 2～5mg/100g、埃洛石为 13mg/100g、含有机质（球土）为 10～120mg/100g。

（5）化学稳定性　高岭土具有强的耐酸性能，但其耐碱性能差。利用这一性质可用它合成分子筛。

（6）耐火性　耐火性是指高岭土抵抗高温不致熔化的能力。在高温作业下发生软化并开始熔融时的温度称耐火度。其可采用标准测温锥直接测定，也可用 M. A. 别兹别洛道夫经验公式进行计算。

3. 高岭土的用途

质纯的高岭土具有白度高，质软，易分散悬浮于水中，可塑性良好和黏结性高，电绝缘性能优良，良好的抗酸溶性，较低的阳离子交换量，较好的耐火性等理化性质。因此高岭土已成为造纸、陶瓷、橡胶、化工、涂料、医药和国防等几十个行业所必需的矿物原料。有报道称，日本还将高岭土用于代替钢铁制造切削刀具、车床钻头和内燃机外壳等方面。特别是最近几年，现代科学技术飞速发展，使得高岭土的应用领域更加广泛，一些高新技术领域开始大量运用高岭土作为新材料，甚至原子反应堆、航天飞机和宇宙飞船的耐高温瓷器部件，也用高岭土制成。

目前，全球高岭土总产量约为 4000 万吨（该数据基于简单的国与国产量的相加，其中没有统计原矿的贸易量，包含较多的重复计算），其中精制土约为 2350 万吨。造纸工业是精制高岭土最大的消费部门，约占高岭土总消费量的 60％。据加拿大 Temanex 咨询公司提供的数据，2000 年全球纸和纸板总产量约为 3.19 亿吨，全球造纸涂料使用高岭土总用量约为 1360 万吨。高岭土在造纸工业的应用十分广泛，主要有两个领域：一个是在造纸（或称抄纸）过程中使用的填料；另一个是在表面涂布过程中使用的颜料。对于一般文化纸，填料量占纸重量的 10％～20％。对于涂布纸和纸板（主要包括轻量涂布纸、铜版纸和涂布纸板），除了需要填料外，还需要颜料，填料、颜料用的高岭土所占比重为纸重的 20％～35％。高岭土应用于造纸，能够给予纸张良好的覆盖性能和良好的涂布光泽性，还能增加纸张的白度、不透明度、光滑度及印刷适性，极大改善纸张的质量。

4. 煅烧原理

煅烧对于高岭土资源，特别是煤系高岭土的开发、利用和深加工是十分关键的作业之一，无论是生产高档填料、涂料，还是磨料、耐火材料都必须进行煅烧。煅烧是煤系高岭土脱碳增白的必需措施，煅烧有时还具有精选除杂的效果。在利用高岭土中的物料组分为原料进行深加工时，煅烧还是增强化学反应活性、提高其有用成分提取率的必要手段。因此，煤系高岭土深加工的核心技术是煅烧。煅烧高岭土产品的特性及应用是由煅烧工艺及设备决定的，由于煅烧目的、煅烧工艺和资源特征的差异，目前尚无较理想、可靠的设备。而对于一定的煅烧设备或煅烧方式来说，煅烧过程中的各种影响因素，如温度、添加剂、气氛以及原料细度等，直接影响高岭土产品的性能。而煅烧产品的物化性能决定其应用性能和使用价值。

高岭土的煅烧过程是一个不断加热升温的过程，由于脱失羟基和物相转变，温度肯定不是均匀递增的，高岭土在 530～650℃脱失羟基是一个吸热过程，这个阶段升温速率肯定要小一些，才有利于表面羟基和部分四面体片层与八面体层间的内部羟基脱除。在 950℃高岭土由非晶质结构转变为晶质硅铝尖晶石相，是一个放热过程，均匀加热，升温速率肯定要大一些，但是由于煅烧温度要严格控制，操作时应特别注意。温度过高，煅烧产品中生成的莫来石含量高，即增加了产品硬度，颗粒又有一定的团聚，从而导致粒度的下降。本实验将同样的高岭土在不同的温度环境下充分焙烧，然后分别测试每个试样的白度及粒度，总结对比出焙烧温度对高岭土粒度及白度的影响。

5. 白度

这里所测量的白度为蓝光白度（TAPPI 白度），以主波长 457nm±0.5nm、半峰宽度为 44nm 的蓝色光谱为照射光源，用积分球收集漫反射光，以相对于白色参比标准的反射率作为被测物体白度：

$$W = B_{457}$$

式中　W——试样白度；

B_{457}——蓝光绝对反射率，用测色色差计进行测量。

白度计是测量物质白度的一种仪器，如图 12.2 所示。可以测量与视感度相一致的白度值，反应荧光增白后的白度值和测量纸张的不透明度。白度计为管控产品外表面白度的专业仪器，测定结果可数码显示，也可由单片机数据处理并打印。操作简便，测量精度高。

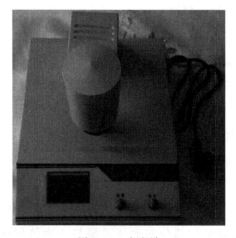

图 12.2　白度计

白度计操作规程如下：

开机前检查→开机预热 30min→制样→校零→校正→样品测量→记录数据→清理试样盒、现场→关机。

数显白度计测量准备工作如下。

（1）开机预热　接通电源线，开启仪器开关，此时显示屏应有数字显示，预热 30min。

（2）调零　按下试样座滑筒压板将黑筒放在试样座上，然后让滑筒升至测量口，稍等显示值稳定后，调节面板上的"调零"旋钮，使显示屏显示 00.0。

（3）校正　将黑筒取下，放上工作标准白板（旋开保护盒盖），稍等显示值稳定后，调节面板上的"校正"旋钮，使显示值与标板背面上的 R457 白度值一致。

（4）样品的测量　对于连续测试且对比对要求高的样品进行测试，应该以标准白板进行校正，避免仪器示值漂移，样品放置在试样上时应注意其平整度。将仪器调好后，即可将待测样品放在试样座上，待数值稳定后即可记下样品的白度值。

（5）备用白板　考虑到长时间使用可能造成标准白板的白度值因受污染而发生变化，其变化量直接影响样品测量的准确性。所以备用一块参比标准白板，以便于数据的核对与校对。

三、　仪器与试剂

1. 仪器

粉碎机，筛子，高温炉，数显白度计，差热分析仪（DTA）。

2. 试剂

主要原料：煤系高岭土（工业矿，乌海）。

其他试剂：氢氧化钠（NaOH），碳酸钠（Na₂CO₃），碳酸钙（CaCO₃），氯化钠（NaCl），氯化钙（CaCl₂），氯化钾（KCl），硫酸（H₂SO₄），尿素［CO(NH₂)₂］，炭粉（化学纯试剂）。

其中，氢氧化钠、碳酸钠、碳酸钙、氯化钠、氯化钙、氯化钾、氟化钙作为高岭土的煅烧助剂，尿素作为插层剂，炭粉在研究还原气氛对煅烧高岭土白度的影响试验中作为还原剂，提供还原气氛。

四、 实验步骤

将高岭土粉碎，磨成 325 目以下的粉料；将粉料加入水及分散剂搅拌打浆，进行超细粉碎至 4500～6000 目；将超细粉碎后的粉浆干燥打散，送入高温炉煅烧。煅烧温度为 600～990℃，时间为30～40min。

测试各温度下焙烧完的高岭土的白度和粒度。以温度为横坐标，白度或粒度为纵坐标，作白度-温度图和粒度-温度图。

五、 实验操作注意事项

1. 测定白度时注意事项

（1）严禁用手触摸，以免留下汗迹，影响光谱透过率，在使用较长时间后，应用脱脂棉蘸无水酒精，用镊子夹持，细心地擦除光学元件表面灰尘，然后用干燥的脱脂棉擦拭干净。

（2）测试粉末或细小颗粒状样品时，要小心缓慢地升降滑筒，避免样品进入测量口内，以免仪器不能校零及测量不准。

（3）制作粉末或细小颗粒状样品时，将样品盛放在附件粉末盒中，用表面干净光洁的玻璃板将样品表面压平。待压平整后将玻璃板往粉末盒侧面方向移开，成型后粉末表面不能有高高低低、凹凹凸凸等不平整现象。由于不同的测试条件会带来不同的测试结果，所以，要想建立同类样品之间的白度值关系，则必须统一规定测定试样的取样方法。包括重量、粒度及压紧方法，使样品之间有相似的密度和表面平整度。

2. 差热分析操作注意事项

差热分析操作简单，但在实际工作中往往发现同一试样在不同仪器上测量，或不同的人在同一仪器上测量，所得到的差热曲线结果有差异。峰的最高温度、形状、面积和峰值大小都会发生一定变化。其主要原因是热量与许多因素有关，传热情况比较复杂。虽然影响因素很多，但只要严格控制操作条件，仍可获得较好的重现性。

六、 思考题

（1）煅烧温度对煅烧高岭土产品粒度有什么影响？

（2）煅烧温度对高岭土的性能有何影响？

参考文献 —≫

[1] 李炳云．煤系高岭岩及其高白超细全动态煅烧工艺机理初析．非金属矿，2005，28（6）：50-52，62.

[2] 孙涛，陈洁，周春，等．煅烧高岭土的比表面积与吸油性能．硅酸盐学，2013，41（5）：685-690.

扩展阅读 —≫ 差热分析

差热分析（Differential Thermal Analysis，DTA）是在程序控制温

度下测定物质和参比物之间的温度差（ΔT）和温度关系的一种技术。物质在加热或冷却过程中的某一特定温度下，往往会发生伴随有吸热或放热效应的物理、化学变化，如晶型转变、沸腾、升华、蒸发、熔融等物理变化，以及氧化还原、分解、脱水和解离等化学变化。另有一些物理变化如玻璃化转变，虽无热效应发生但比热容等某些物理性质也会发生变化，此时物质的质量不一定改变，但温度是必定会变化的。

　　实验过程中，处在加热炉内的试样和参比物在相同条件下，同时加热或冷却，炉温控制由控温热电偶监控。试样与参比物之间的温差用对接的两支热电偶进行测定，热电偶的两个接点分别与盛放试样和参比物的坩埚底部接触。参比物是一种热容与试样接近而在研究的温度范围内没有相变的物质，常用 $\alpha\text{-}Al_2O_3$ 或者空坩埚。

　　在加热或冷却过程中，如果试样没有任何热效应产生，即试样与参比物无温差，$\Delta T = T_S - T_R = 0$（T_S 为试样温度，T_R 为参比物温度）。由于热电偶的热电势与试样和参比物之间的温差成正比，两对热电偶的电势大小相等，方向相反（由于是反相连接），热电偶无电势输出，所得到的差热曲线就是一条水平直线，称作基线。如果试样有某种变化，并伴有热效应产生，则 $T_S \neq T_R$，差示热电偶就会有电势输出，差热曲线偏离基线，直至变化结束，差热曲线重新回到基线。这样，便可得到一条 $\Delta T = f(T)$ 的差热曲线。通常峰尖向上表示放热，向下表示吸热。实验中高岭土的测试条件为：将高岭土粉末研磨，过 180 目筛，称取样品 12g。使用 CRY-1 型差热分析仪测试，由室温升至 1050℃，升温速率为 10℃/min。

有机蒙脱土聚甲基丙烯酸甲酯复合材料的制备

一、 实验目的

  (1) 掌握蒙脱土的改性及不同改性方法对蒙脱土性能的影响。

  (2) 掌握原位聚合法制备纳米复合材料的基本原理及方法。

二、 实验原理

  膨润土又叫斑脱岩，1888 年由美国地质学家 W. C. Knight 发现，以美国怀俄明州落基山河附近的钠质膨润土产地"Fort Benton"命名为"Bentonite"。是因其比普通可塑性黏土吸有更多量的水（按质量计算达 5 倍），且体积膨胀显著（比干燥状态约胀大 15 倍），并呈凝胶状态的黄绿色黏土。蒙脱土是膨润土的有效成分，是一种黏土矿物。

  蒙脱土（英文名称 montmorillonite）又名胶岭石、微晶高岭石，是一种硅酸盐的天然矿物，为膨润土矿的主要矿物组分。蒙脱土为含水硅铝酸盐黏土，化学组成为：$Na_{0.7}(Al_{3.3}Mg_{0.7})Si_8O_{20}(OH)_4 \cdot nH_2O$，具有层状硅酸盐结晶结构，晶片层间存在过剩负电荷，通过静电吸附层间阳离子保持电中性。由于层间阳离子的水合作用，蒙脱土能够稳定分散在水中，这是其具有吸水性的原因，其层间阳离子可以同外部的有机和无机阳离子进行离子交换。蒙脱土属于 2∶1 型三层结构的黏土矿物，如图 13.1 所示。

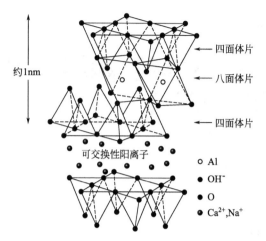

图 13.1　蒙脱土分子结构模型

其单位晶胞由两层硅氧四面体中间夹一层铝（镁）氧（氢氧）八面体组成，硅氧四面体片系由处于同一平面的硅氧四面体的三个顶点氧与相邻硅氧四面体共用而连接成一系列近似六方环网格的硅氧片；铝（镁）氧（氢氧）八面体片是以铝（镁）为中心原子，接与彼此顶点相对的四面体片的四个顶点氧和处于同一平面的两个羟基构成六配位的铝（镁）氧（羟基）八面体，四面体与八面体之间通过共用氧原子相连，其晶胞平行叠置，典型的蒙脱土结构的晶格中，Al^{3+} 和 Si^{4+} 易被其他低价离子所取代，因而晶层带负电荷，通过层间吸附的等电量阳离子来维持电荷平衡。由于蒙脱土层间有较弱的联结力和存在可交换性阳离子如 Na^+、Ca^{2+}、Mg^{2+} 等，通常它们以水合阳离子的形式存在，所以蒙脱土具有膨胀性。根据该性质改良了蒙脱土结构，先后发展了一系列改性蒙脱土，其应用领域大为扩展。

蒙脱土以其活跃的化学性质，为纳米粒子的制备提供载体。蒙脱土粒径小，可以吸附部分纳米材料从而达到材料制备的条件，且蒙脱土易于分层成为两片层结构，可以用来探究制备层状蒙脱土以及蒙脱土层间剥离。增大蒙脱石分散体系中蒙脱土的添加量，有助于提高蒙脱土与聚合物复合材料的分散性。即使少量的蒙脱土加入聚合物材料中，复合材料的阻隔性能都会得到明显提高。在聚合物材料的制备中，蒙脱土经常被用来作为材料阻隔性能的增强剂。蒙脱土由于其分子较小，制备纳米级蒙脱土材料条件相对简单，纳米蒙脱土在抗菌、催化剂等方面与未达到纳米级蒙脱土相比具有明显优势。

通常，离子交换法可以用来处理蒙脱土。通过有机离子与无机离子之间的交换，可以对蒙脱土进行有机化处理。处理后，聚合物单体可以与蒙脱土混合。有机化后的蒙脱土层间尺寸变宽，疏水性明显，相容性提高。

聚合物-蒙脱土纳米复合材料合成方式一般为熔融共混和原位聚合。熔融共混是聚合物基体与蒙脱土片层在熔融状态下共混，挤出时，由于剪切应力的作用使蒙脱土片层在聚合物基体中更好地分散和剥离。原位聚合是用季铵盐如十六烷基三甲基溴化铵等离子表面活性剂对蒙脱土进行表面处理。聚合物-蒙脱土纳米复合结构有普通复合、插层复合和剥离复合三种分散状态，如图 13.2 所示。插层纳米复合材料是在蒙脱土的层间插入一层能伸展的聚合物链，从而获得聚合物层与蒙脱土层交替叠加的高度有序的多层体，层间域的膨胀长度相当于伸展链的半径；剥离型结构是蒙脱土层剥离并分散在连续的聚合物基质中。插层方法分为物理插层法和化学插层法。插层方法分类如图 13.3 所示。

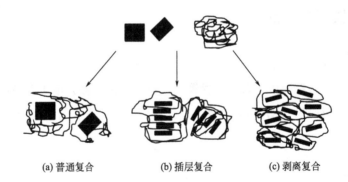

(a) 普通复合　　　　(b) 插层复合　　　　(c) 剥离复合

图 13.2　聚合物-蒙脱土纳米复合材料的复合结构示意

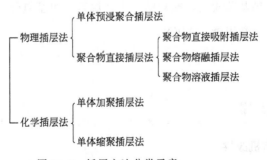

图 13.3　插层方法分类示意

亲水的微环境不利于插层反应进行，在制备纳米复合材料时，为了便于单体或聚合物插入层间，通常利用有机阳离子通过离子交换反应来替代蒙脱土层间的水化无机阳离子使层间距扩大，并使蒙脱土表面疏水化，这种有机阳离子被称为插层剂。插层剂还能降低蒙脱土的表面能，改善蒙脱土与聚合物基质之间的润湿作用，有利于单体或聚合物进入蒙脱土层形成插层纳米复合材料，插层剂的选择是制备插层纳米复合材料的关键步骤之一。将经过改性的有机化蒙脱土与单体和引发剂混合均匀，再在适当条件下进行聚合反应，利用聚合产生的作用力使蒙脱土的硅酸盐片层撑开，并使聚甲基丙烯酸甲酯分子不断插入硅酸盐片层间，即可形成硅酸盐片状晶体均匀分散在聚甲基丙烯酸甲酯基体中的蒙脱土纳米复合材料中。聚合物基蒙脱土复合材料兼有无机物的刚度、强度、尺寸稳定性、热稳定性和有机聚合物的塑性、可加工性及介电性等优点，可以提高聚合物的综合性能。

三、 仪器与试剂

1. 仪器

粉碎机，真空干燥箱，三口瓶，搅拌器，电子万能试验机，X 射线衍射仪（XRD），红外光谱仪（FTIR），透射电镜（TEM）。

2. 试剂

钙基蒙脱土，氟化钠，十八烷基三甲基氯化铵，乙醇，硝酸银，甲基丙烯酸甲酯，AIBN。

四、 实验步骤

1. 蒙脱土的有机改性

蒙脱土原矿经三次提纯所得的悬浮液用氟化钠钠化后，即得钠基蒙脱土的悬浮液。将十八烷基三甲基氯化铵溶于适量的乙醇中，然后加入钠基蒙脱土的悬浮液中，在一定温度下，搅拌反应数小时，有白色沉淀物析出，反复抽滤，洗涤，直至用硝酸银溶液检验无卤离子后，放入真空干燥箱中干燥至恒重，用粉碎机粉碎成粉末，得有机蒙脱土。

2. 有机蒙脱土-聚甲基丙烯酸甲酯复合材料的制备

在 100mL 三口瓶中，加入 5g 蒙脱土和 20g 甲基丙烯酸甲酯，加入 50mL 水作为溶剂，在室温下搅拌 20min。以每克甲基丙烯酸甲酯加 0.005g 引发剂的比例向三口瓶中加入 AIBN 引发剂，缓慢加热使温度升至 80～85℃，使聚合反应开始进行，20min 后体系黏度突然增大时，停止加热，用冷水迅速冷却三口瓶至室温，得到黏稠状液体，干燥制成试样供性能测试用。

3. 复合材料的表征

（1）XRD　分析复合材料的物相

（2）FTIR　分析复合材料的结构组成

（3）TEM　分析复合材料的形貌

（4）拉伸性能测试　拉伸强度是在规定的试验温度、湿度下，在标准试样上沿轴向施加拉伸载荷直至断裂前试样承受的最大载荷 P 与试样中间处横截面面积（宽度 b 与厚度 d 的乘积）的比值，通常用 σ_t（单位：MPa）表示，即：

$$\sigma_t = P/bd$$

将样品制成哑铃形样条，再在 RGT-10A 型微机控制电子万能试验机上进行拉伸试验，测复合材料的抗拉伸性能。拉伸速率为 2mm/min。

五、 结果与讨论

（1）拉伸性能测定结果记录于下表。

试样宽度 b/cm	
试样厚度 d/cm	
试样原始长度/cm	
最大载荷/N	
拉伸强度/MPa	
断裂伸长率/%	

（2）XRD 分析结果

FTIR 分析结果：_____。

TEM 分析结果：_____。

六、 实验操作注意事项

（1）十八烷基三甲基氯化铵，白色蜡状物，易溶于水，震荡时产生大量泡沫。化学稳定性好，耐热、耐光、耐压、耐强碱强酸。具有优良的渗透、柔化、抗静电及杀菌性能。能与多种表面活性剂或助剂良好地配伍，协同效应显著。

（2）在有机蒙脱土-聚甲基丙烯酸甲酯复合材料的制备过程中，各阶段的温度控制是关键，操作时前期应缓慢升温，升温至预定温度后保持小波动，使温度恒定，待反应物反应充分黏稠以后，再缓慢升温。

（3）甲基丙烯酸甲酯聚合过程中一定要控制好温度，否则容易发生爆聚。

七、 思考题

（1）原位聚合法制备有机蒙脱土-聚甲基丙烯酸甲酯复合材料的基本原理是什么？

（2）有机蒙脱土-聚甲基丙烯酸甲酯复合材料与普通粒子填充聚合物复合材料的结构和性能上有何差异？

参考文献 ➔➤➤

[1] 陈光明，李强，漆宗能，等．聚合物/层状硅酸盐纳米复合材料研究进展．高分子通报，1999（4）：1-10.

[2] 陈奎，杨瑞成，张天云．聚甲基丙烯酸甲酯/纳米有机改性蒙脱土复合材料的制备及其摩擦磨损性能研究．摩擦学学报，2007（2）：187.

[3] 安书香，插层改性蒙脱土木薯淀粉复合薄膜的制备及阻隔机理研究．南宁：广西大学，2019.

第五篇

综合实验

実験十四 ▶▶

水热法制备四氧化三铁
并测定其磁性

一、 实验目的

    （1）了解四氧化三铁的性质及水热合成方法。

    （2）掌握利用磁性原理进行固液分离的实验操作。

    （3）掌握磁强计测定材料磁性的方法。

二、 实验原理

    四氧化三铁（ferroferric oxide），化学式 Fe_3O_4。俗称氧化铁黑、磁铁、吸铁石、黑氧化铁，为具有磁性的黑色晶体，故又称为磁性氧化铁。不可将其看作"偏铁酸亚铁"[$Fe(FeO_2)_2$]，也不可以看作氧化亚铁（FeO）与氧化铁（Fe_2O_3）组成的混合物，但可以近似地看作是氧化亚铁与氧化铁组成的化合物（$FeO \cdot Fe_2O_3$）。此物质溶于酸溶液，不溶于水、碱溶液及乙醇、乙醚等有机溶剂。天然的四氧化三铁不溶于酸溶液，潮湿状态下在空气中容易氧化成氧化铁。通常用作颜料和抛光剂，也可用于制造录音磁带和电信器材。

    四氧化三铁是唯一可以被磁化的铁化合物。四氧化三铁中含有 Fe^{2+} 和 Fe^{3+}，X 射线衍射实验表明，四氧化三铁具有反式尖晶石结构，晶体中不存在偏铁酸根离子（FeO_2^{2-}）。铁在四氧化三铁中有两种化合价，为反式尖晶石结构，氧原子采用立方最密堆积。另外，四氧化三铁还是导体，因为在磁铁矿中由于 Fe^{2+} 与 Fe^{3+} 在八面体位置上基本上是无序排列的，电子可在铁的两种氧化态间迅速发生转移，所以四氧化三铁固体具有优良的导电性。

矿物受外磁场吸引或排斥的性质称为矿物的磁性。在一般情况下，矿物受磁场排斥的力量非常微弱。因此在鉴定、分选和一般研究矿物时的磁性，主要指矿物受外磁场吸引的性质。铁磁性和亚铁磁性物质在居里温度以上发生二级相变，转变为顺磁性物质。Fe_3O_4 的居里温度为585℃。基于物质性质不同，可将物质的磁性分为五类。

1. 抗磁性（反磁性）

物质中全部电子在原子轨道或分子轨道上都已双双配对、自旋相反，没有永久磁矩。当抗磁性物质放入外磁场中，外磁场使电子轨道改变，感生一个与外磁场方向相反的磁矩，表现为抗磁性。所以抗磁性来源于原子中电子轨道状态的变化。抗磁性物质的抗磁性一般很微弱，磁化率 x 一般约为 -10^{-5}。

$$x = \frac{C}{T - T_f} \tag{14.1}$$

式中　C——该物质的居里常数；

　　　T——绝对温度；

　　　T_f——该物质的居里温度。

2. 顺磁性

原子或分子中有未成对电子存在，存在永久磁矩，但磁矩间无相互作用。不论外加磁场是否存在，原子内部存在永久磁矩。但无外加磁场时，由于顺磁物质的原子做无规则的热振动，宏观看来没有磁性；在外加磁场作用下，每个原子磁矩比较规则地取向，物质显示极弱的磁性。磁化强度与外磁场方向一致为正，而且严格地与外磁场 H 成正比。顺磁性物质的磁性除了与 H 有关外，还依赖于温度。其磁化率 x 与绝对

温度 T 成反比。居里常数 C 取决于顺磁物质的磁化强度和磁矩大小。顺磁性物质的磁化率一般也很小，室温下 x 约为 10^{-5}。一般含有奇数个电子的原子或分子，电子未填满壳层的原子或离子，如过渡元素、稀土元素、铁系元素，还有铝、铂等金属，都属于顺磁物质。

3. 铁磁性

每个原子都有几个未成对电子，原子磁矩较大，且相互间有作用，使原子磁矩平行排列。对诸如 Fe、Co、Ni 等物质，在室温下磁化率可达 10^{-3} 数量级，称这类物质的磁性为铁磁性。铁磁性物质即使在较弱的磁场内，也可得到极高的磁化强度，其磁化率为正值，但当外磁场增大时，由于磁化强度迅速达到饱和，其 x 变小。铁磁性物质具有很强的磁性，主要是由于它们具有很强的内部交换场。铁磁物质的交换能为正值，而且较大，使得相邻原子的磁矩平行取向（相应于稳定状态），在物质内部形成许多小区域——磁畴。每个磁畴大约有 10^{15} 个原子。这些原子的磁矩沿同一方向排列，假设晶体内部存在很强的称为"分子场"的内场，"分子场"足以使每个磁畴自动磁化达饱和状态。这种自生的磁化强度叫作自发磁化强度。由于它的存在，铁磁物质能在弱磁场下强烈地磁化。因此自发磁化是铁磁物质的基本特征，也是铁磁物质和顺磁物质的区别所在。铁磁体的铁磁性只在某一温度以下才表现出来，高于这一温度，由于物质内部热骚动破坏电子自旋磁矩的平行取向，因而自发磁化强度变为 0，铁磁性消失。这一温度称为居里温度（又称"居里点"）。在居里温度以上，材料表现为强顺磁性。

4. 亚铁磁性（铁氧体磁性）

相邻原子磁矩部分呈现不相等的反平行排列。亚铁磁性是指有两套子晶格的磁性材料，不同子晶格的磁矩方向和反铁磁一样，但是不同子晶格的磁化强度不同，不能完全抵消掉，所以有剩余磁矩。亚铁磁也有从亚铁磁变为顺磁性的临界温度，称为居里温度。

5. 反铁磁性

在奈尔温度以上呈顺磁性；低于奈尔温度时，磁矩间相邻原子磁矩呈现相等的反平行排列。反铁磁性是指由于电子自旋反向平行排列，在同一子晶格中有自发磁化强度，电子磁矩是同向排列的；在不同子晶格中，电子磁矩反向排列。两个子晶格中自发磁化强度大小相同，方向相反，整个晶体磁化率接近 0。反铁磁性物质大都是金属化合物，如 MnO。不论在什么温度下，都不能观察到反铁磁性物质的任何自发磁化现象，因此其宏观特性是顺磁性的，M 与 H 处于同一方向，磁化率为正值。在一定温度时，达最大值，称为反铁磁性物质的奈尔温度。对奈尔点存在的解释是：在极低温度下，由于相邻原子的自旋完全反向，其磁矩几乎完全抵消，故磁化率接近 0。当温度上升时，自旋反向的作用减弱。当温度升至奈尔温度以上时，热骚动的影响较大，此时反铁磁体与顺磁体有相同的磁化行为。

本实验采用 Lake Shore 振动样品磁强计（VSM，型号为 Vibrating sample magnetometer 7407），磁场线圈由扫描电源激磁，产生 $H_{max} = \pm 21000 Oe$ 的磁化场，其扫描速率和幅度均可自由调节。检测线圈采用全封闭型四线圈无净差式，具有较强的抑制噪声能力和大的有效输出信号，保证了整机的高分辨性能。

振动样品磁强计是一种常用的磁性测量装置。利用它可以直接测量磁性材料的磁化强度随温度变化曲线、磁化曲线和磁滞回线，能给出磁性的相关参数诸如矫顽力 H_c、饱和磁化强度 M_s 和剩磁 M_r 等，还可以得到磁性多层膜有关层间耦合的信息。图 14.1 是振动样品磁强计的结构简图。它由电磁铁系统，振动系统和检测系统（感应线圈）组成。

装在振动杆上的样品位于磁极中央感应线圈中心连线处，位于外加均匀磁场中的小样品在外磁场中被均匀磁化，小样品可等效为一个磁偶极子。其磁化方向平行于原磁场方向，并将在周围空间产生磁场。在驱动线圈的作用下，小样品围绕其平衡位置作频率为 ω 的简谐振动而形成一个振动偶极子。振动的偶极子产生的交变磁场导致了穿过探测线圈中产生交变的磁通量，从而产生感生电动势 ε，其大小正比于样品的总磁矩 μ：

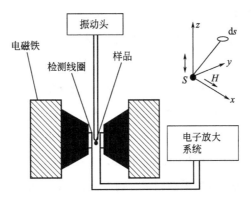

图 14.1　振动样品磁强计结构简图

$$\varepsilon = K\mu \tag{14.2}$$

式中，K 为与线圈结构、振动频率、振幅和相对位置有关的比例系数。当它们固定后，K 为常数，可用标准样品标定。因此由感生电动势的大小可得出样品的总磁矩，再除以样品的体积即可得到磁化强度。因此，记录下磁场和总磁矩的关系后，即可得到被测样品的磁化曲线和磁滞回线。

在感应线圈的范围内，小样品垂直磁场方向振动。根据法拉第电磁感应定律，通过线圈的总磁通为：

$$\Phi = AH + BM\sin\omega t \tag{14.3}$$

式中　A 和 B——感应线圈相关的几何因子；

　　　M——样品的磁化强度；

　　　ω——振动频率；

　　　H——电磁铁产生的直流磁场；

　　　t——时间。

线圈中产生的感应电动势为：

$$E(t) = \frac{\mathrm{d}\Phi}{\mathrm{d}t} = KM\cos\omega t \tag{14.4}$$

式中，K 为常数，一般用已知磁化强度的标准样品（如 Ni）定出。

但是只有在可以忽略样品"退磁场"的情况下，利用 VSM 测得的回线方能代表材料的真实特征，否则，只有对磁场进行修正后所得的回线形状才能表示材料的真实特征。对于"退磁场"，可作如下的理解：当样品被磁化后，其 M 将在样品两端产生"磁荷"，此"磁荷对"将产生与磁化场相反方向的磁场，从而减弱了外加磁化场 H 的磁化作用，故称为退磁场。可将退磁场 H_d 表示为：

$$H_d = -NM \qquad (14.5)$$

式中，N 为"退磁因子"，其数值只与材料的形状有关。例如，对于一个沿长轴磁化的细长样品，N 接近 0，而对于一个粗而短的样品 N 就很大。对于一般形状的磁体，很难求出 N 的大小。所以退磁因子的计算一般只限于可被均匀磁化的磁性旋转椭球体。例如，若椭球体三个主轴的长度分别为 a、b、c，沿三个主轴方向的退磁因子分别为 N_a、N_b、N_c，则有：$N_a + N_b + N_c = 1$，由该式可以直接得出简单开关磁体的退磁因子。

三、 仪器与试剂

1. 仪器

烧瓶，烧杯，反应釜，烘箱，磁铁，磁强计。

2. 试剂

氯化铁，乙二醇，聚乙二醇，乙酸钠（CH_3COONa）。

四、 实验步骤

（1）称取 $FeCl_3 \cdot 6H_2O$（1.35g，5mmol）溶于 80mL 乙二醇中，通过搅拌，使之形成清澈的溶液。

（2）在上述溶液中加入 7.2g 的 CH_3COONa 以及 2.0g 的聚乙二醇，搅拌 30min 后，转移到水热反应釜（100mL）中。

（3）将反应釜放置于 200℃烘箱中反应 8h。

（4）取出反应釜冷却至室温后，将所得样品倾倒入烧杯中，把磁铁置于烧杯底部，有磁性的 Fe_3O_4 颗粒即会沉淀到烧杯底部，然后分别用乙醇及二次水洗涤其中黑色产物数次，50℃烘干后待用。

（5）取适量样品在 Lake Shore 振动样品磁强计上进行测试，仪器操作步骤见扩展阅读。

五、 结果与讨论

样品颜色外形：

产量：

产率：

VSM 图（矫顽力、剩磁、磁化强度等）：

六、 实验操作注意事项

（1）将实验反应物装入高压反应釜后一定要拧紧釜盖，防止实验过程中釜内压力过大冲开反应釜后高温液体溅出烫伤实验人员。

（2）使用烘箱加热反应时一定要控制好烘箱的温度，如果温度过高，釜内压力太大，高压反应釜可能发生爆炸事件。

（3）钕铁硼磁性非常强，操作时应避免手或身体的其他部分被磁铁夹住，对于尺寸较大的磁铁更应重视人身的安全和防护。

（4）切勿将磁体接近电子医疗器械或携带起搏器等医疗设备的人。

七、 思考题

（1）退磁曲线上矫顽力 H_c 的定义？

（2）描述一个铁磁性样品的反磁化过程？

（3）试分析如何才能更准确地测出样品的磁化强度值？

参考文献 ─→

[1] 张志东．磁性材料的磁结构、磁畴结构和拓扑磁结构．物理学报，2015

　　　　(6)：067503.

　[2] 高强，冯钰锜. 磁性微纳米材料的功能化及其在食物样品前处理中的应用进展.
　　　　色谱，2014（10）：1043-1051.

　[3] 高阳. 先进材料测试仪器基础教程. 北京：清华大学出版社，2008.

扩展阅读 →》 振动样品磁强计(VSM)操作说明

　　振动样品磁强计（Vibrating Sample Magnetometer，VSM）是测量材料磁性的重要手段之一，广泛应用于各种铁磁、亚铁磁、反铁磁、顺磁和抗磁材料的磁特性研究中，如对稀土永磁材料、铁氧体材料、非晶和准晶材料、超导材料、合金、化合物及生物蛋白质的磁性研究等。

　　VSM 可用来检测各类物质（材料）的内禀磁特性，如磁化强度 M_s（σ_s）、居里温度 T_f、矫顽力 H_c、剩磁 M_r 等。而在预知样品在测量方向的退磁因子 N 后，可间接得出其他的有关技术磁参量，如 B_r、H_c、$(BH)_{max}$ 等；另可根据回线的特点而判断被测样品的磁属性。

一、 仪器结构

　　振动样品磁强计主要由电磁铁系统、样品强迫振动系统和信号检测系统组成，如图 14.2 所示。

二、 检测原理

　　当振荡器的功率输出反馈给振动头驱动线圈时，该振动头即可使固定在其驱动线圈上的振动杆以 ω 的频率驱动做等幅振动，从而带动处于磁化场 H 中的被测样品做同样的振动；这样，被磁化了的样品在空间所产生的偶极场将相对于不动的检测线圈做同样振动，从而导致检测线圈内产生频率为 ω 的感应电压；而振荡器的电

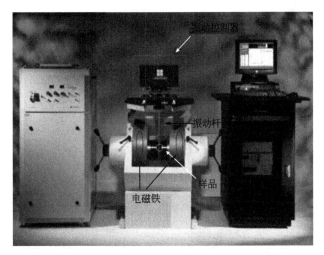

图 14.2　振动样品磁强计

压输出则反馈给锁相放大器作为参考信号；将上述频率为 ω 的感应电压馈送到处于正常工作状态的锁相放大器后（所谓正常工作，即锁相放大器的被测信号与其参考信号同频率、同相位），经放大及相位检测而输出一个正比于被测样品总磁矩的直流电压 VJ_{out}，与此相对应的有一个正比于磁化场 H 的直流电压 VH_{out}（即取样电阻上的电压或高斯计的输出电压），将此两相互对应的电压图示化，即可得到被测样品的磁滞回线（或磁化曲线）。

如已知被测样品的体积或质量、密度等物理量，可得出被测样品的诸多内禀磁特性。如能知道样品的退磁因子 N，则不但可由上述实测曲线求出物质（材料）的磁感 B 和内磁化场 H_i 的技术磁滞（磁化）曲线，还可由此求出诸多技术磁参数如 B_r、H_c、$(BH)_{max}$ 等。

为简单起见，我们取一个直角坐标系，如图 14.3 所示，并假定样品 S 位于原点且沿 z 向作简谐振动，$a = a_0\cos\omega t$，a_0 为振幅，ω 为振动频率。

沿磁化场 H 方向施加，并假设在距 S 为 r 远处放置一个圈数为 N、轴为 z 向的检测线圈，其第 n 圈的截面积为 S_n（注意：$S_n \neq S_m$，即任意两圈的截面积是不等的）。如果样品 S 的几何尺度较 r 而言非常小，即从检测线圈所在的空间看样品 S，可将其视为磁偶极子，此时，据偶极场公式：

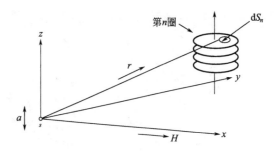

图 14.3　检测线圈所在的空间样品 S

$$\vec{H}\ (r)\ =\frac{1}{4\pi}\left[-\frac{\vec{J}}{r^3}+\frac{3\ (\vec{r}\cdot\vec{J})\ \vec{r}}{r^5}\right] \tag{14.6}$$

并注意到矢量 $\vec{J}$ 仅有 x 分量，可得到穿过面积元 $\mathrm{d}S_n$ 的磁通量为

$$\mathrm{d}\phi_n=\mu_0 H_z(r_n)\ \mathrm{d}S_n=\frac{3\mu_0 J x_n z_n}{4\pi r_n^5}\mathrm{d}S_n \tag{14.7}$$

式中　μ_0——真空磁导率；

　　　J——样品总磁矩 $J=Mv$（M 和 v 分别为样品的磁化强度和体积）。

因此，第 n 匝内总的磁通量 ϕ_n 为

$$\phi_n=\int_{S_n}\mathrm{d}\phi_n=\int_{S_n}\frac{3\mu_0 J x_n z_n}{4\pi r_n^5}\mathrm{d}S_n \tag{14.8}$$

而整个线圈的总磁通量即为

$$\phi=\sum_1^n\phi_n=\frac{3\mu_0 J}{4\pi}\ \sum_1^n\int_{S_n}\frac{x_n y_n}{r_n^5}\mathrm{d}S_n \tag{14.9}$$

式中，x_n 和 Z_n 为线圈第 n 圈的坐标。

现作一个变换，令样品不动而线圈以 $Z(t)=Z(0)+a\cos t$ 振动。亦即 $Z_n(t)=Z_n(0)+a_0\cos t$ 为第 n 圈坐标与时间关系。

据电磁感应定律，考虑到 x、y 均不为时间 t 的函数，故 r 中仅考虑 z 向的时间变化关系，因此可得在整个检测线圈内的感应电压 e 为：

$$e(t)=-\frac{\mathrm{d}\phi}{\mathrm{d}t}=\left\{-\frac{3\mu_0}{4\pi}\sum_1^n\int\frac{x_n(r_n^2-z_n^2)}{r_n^7}\mathrm{d}S_n\right\}\cdot a\omega J\sin\omega t$$

$$=Ka\omega J\sin\omega t=KJ\sin\omega t \tag{14.10}$$

设：样品的振幅和振动频率均固定不变。由上式可发现：

① 线圈中的电压不可能计算得到；

② 其电压大小与被测样品的总磁矩 J、振动幅度 a 及振动频率 ω 成正比。

在实验中，我们不需要去计算 K 值，而是采取"替换法"，从实验

中求出 K 值，之后利用求得的 K 值反过来计算出被测样品的磁矩，这就叫"定标"。

实际上用一个已知磁矩为 J_0 的标准样品取代被测样品，在与被测样品相同测试条件下测得此时电压幅值为 $V_0 = KJ_0$，即可得到 $1/K = J_0/V_0$，如被测样品的相应电压幅值为 V，则被测样品的总磁矩即为 $J = 1/KV = VJ_0/V_0$。如：已知 Ni 标样的质量磁矩为 σ_0，质量为 m_0，其 $J_0 = \sigma_0 m_0$。用 Ni 标样取代被测样品，在完全相同的条件下加磁场使 Ni 饱和磁化后测得 Y 轴偏转为 V_0，则单位偏转所对应的磁矩数应为 $K = \sigma_0 m_0/V_0$，再由样品的 J-H 回线上测得样品在某磁场下的 Y 轴高度 V_H，则被测样品在该磁场下的磁化强度

$$M_H = KV_H/v = \frac{\sigma_0 m_0}{V_0} \cdot \frac{\rho}{m} \cdot V_H$$

或被测样品的质量磁化强度

$$\sigma_H = \frac{K \cdot VY_H}{m} = \frac{Y_H}{Y_0} \cdot \frac{m_0}{m} \cdot \sigma_0$$

这样，即可根据实测的 J-H 回线推算出被测样品材料的 M-H 回线。

三、 样品制备

VSM 开路测量的优势之一即对样品的形状不做严格要求，只需在测量前将样品切成直径在 $2 \sim 3\text{mm}$ 的小颗粒即可。

1. 块材

对强磁性材料，用适当方式从大块材料上取出约数毫克的小块（但忌用铁质工具获取，以免样品受到强磁性污染），其大小以能放入样品夹持器内为准。

2. 粉料

用精密天平称出约数毫克（磁矩小的可适当多称出一些）强磁性材

料如铁氧体的各烧结过程前的粉料。用软纸紧密包裹成小球状（如用 1/4 张擦镜纸折叠后放入天平中称出其质量，再用勺取粉料小心置于上述纸的折角处，该种纸因有较大较多孔，故需折成双层，读出总的质量数，则样品的单一质量即为前后称量之差）。

注：包裹时，务必使粉料尽量集中在一小区间。

3. 薄膜材料

由于薄膜均附着在衬底如玻璃、硅片等上面，故对铁磁性薄膜必须用玻璃刀裁下 2mm×5mm 大小的样品，用干净纸包起以保护样品（为计算其磁矩，必须已知其厚度，面积的测量应采用投影放大的方法以减少误差，从厚度和面积即可求得样品的体积）。

4. 液体材料

将铁磁性液样注入柱形孔内并密封。注意：密封后，液体不能在其所在空间活动。液样注入前后的质量差即为被测材料的质量。

5. 非强磁性材料

必须用较大体积（质量）的样品及强磁场，以获得较大的电信号（$J = MV = \chi HV$，J 大时信号才大，故在 χ 很小时，即可尽量用大体积 V 的样品及强磁场 H）。

四、 消磁场修正

当知道样品的体积 V 或其质量 m 时，则可求得该样品的磁化强度 $M = J/V$ 或质量磁化强度 $\sigma = J/m$。如能已知样品在磁化场 H 方向的退磁因子 N，则可求出样品的内磁化场 $H_i = H - NM$，将 $M(\sigma)\text{-}H_i$ 对应关系做成曲线，就可得到修正后的被测样品的磁化曲线或磁滞回线 $M\text{-}H$ 或 $\sigma\text{-}H$。

五、 VSM 操作过程

1. VSM 开机步骤

（1）打开循环水（先打开侧面电源，使仪器处于"On"状态，再打开前面板电源，使处于"Run"状态）。

（2）打开控制柜的总电源开关。

（3）打开计算机。

（4）双击桌面上的"IDEAVSM"图标，启动软件。

（5）将软件的控制模式转换成"Current"模式。

（6）将"Stand by"按钮合上。观察电磁铁电源上各显示灯的情况，若没有异常则继续开机操作，若有异常应与仪器公司的技术人员联系查明原因。

（7）使用"Ramp"按钮，将磁场设置为 0，等待约 30s。

（8）打开电磁铁电源开关（按绿色按钮），启动电磁铁电源。

（9）当电源在 VSM 软件的控制下工作时，磁场的控制模式应该在"Field"模式下。

2. 试样

试样可为块体、薄膜/薄带、粉末。

（1）块体　试样取长直的形状，以使其退磁场不致影响试样磁化到饱和，并且形状效应对矫顽力的测量不产生显著误差（如采用圆柱形试样，推荐长径比大于 5∶1）。为确保样品沿长尺寸方向磁化，采用薄膜样品杯。样品尺寸不大于室温薄膜样品杯尺寸。

（2）薄膜/薄带　样品尺寸不超过室温薄膜样品杯尺寸（推荐试样长宽比大于 5∶1）。测试时磁场沿着薄膜的平行方向。

（3）粉末　采用电子分析天平称取一定质量的干燥粉末样品；为防止污染样品杯，粉末样品用非磁性塑料皮包裹后再放入样品杯中压实。

粒径不超过0.5mm；包好后的粉末样品最大尺寸不超过室温粉末样品杯的尺寸。

3. 操作步骤

（1）预热 测量之前应打开振动样品磁强计，振动头设置为"On"状态，预热2h以上。

（2）校准 预热之后按照次序和软件提示进行三个校准：Gaussmeter Offset，Moment Offset，Moment Gain。

（3）设置测试程序 点击New experiment→输入文件名→选择Field为参数→选择"H_{max}→0→-H_{max}→0→H_{max}"，H_{max}的值和磁场的步长根据试样实际情况进行选择。

（4）将待测样品放在样品杯中，装在样品杆上，将振动头设置为"On"状态，点击"Start"开始测量。

（5）读出结果 根据测试的磁滞回线，从软件的Results菜单中选出Coercivity的值即为内禀矫顽力H_{CJ}值。在软件的"Sample Properties"样品信息中输入试样的质量值，并将坐标轴选择为Moment/Mass，从软件的Results菜单中选择Magnetization（M_s）值即为试样的比饱和磁化强度σ_s值。

4. VSM关机步骤

（1）点击"Head drive"按钮，使之处于"Head drive off"状态。

（2）将软件的控制模式转换成"Current"模式。

（3）使用"Ramp"按钮，将磁场设置为0，保证关机时电磁铁电流为零。

（4）退出"IDEAVSM"软件，关闭计算机。

（5）关掉控制柜上的总电源开关。

（6）关掉电磁铁电源。

（7）关掉循环水。

实验十五 ▶▶

调制协同法制备ZIF-67纳米晶并测定其红外光谱

一、 实验目的

（1）了解 MOF 材料基本性质、应用及合成方法。

（2）了解前驱体对所合成目标产物的影响。

（3）掌握红外光谱仪的结构、用途及使用方法。

二、 实验原理

（一）MOFs 材料

金属-有机骨架（metal organic frameworks，MOFs）也称多孔配位聚合物（porous coordination polymers），是由金属离子和有机配体组成的结晶多孔材料。MOFs 材料因其丰富的孔结构、大的比表面积和孔径、结构和组成的可调节性，在催化、气体储存、环境和生物医药等领域有巨大的应用前景。通常 MOFs 材料具有微孔特性，通过调控有机配体，其孔径大小可调节到几埃到几纳米不等。除此之外，MOFs 中的有机配体和金属离子也会显示出一些特定性质：金属离子可以展现出催化和磁性特性，而有机配体常具有光学和手性特性。

MOFs 种类很多，沸石咪唑骨架（zeolitic imidazolate frameworks，ZIFs）作为 MOFs 的一个子类，其金属-咪唑-金属键角为 145°，与沸石中 Si—O—Si 键的键角相似，具有分子筛拓扑结构。ZIFs 具有 MOFs 的优异性质，如多样的骨架结构和孔系统、大比表面积、可修饰的有机桥连配体等，同时还具有传统沸石的高热稳定性和化学稳定性。另外，ZIFs 材料易于合成像沸石一样具有一定尺寸和形状的微/纳米晶体。正是这种性质的组合使得 ZIFs 成为许多应用领域的候选材料。

ZIFs 系列中，ZIF-67 由四配位的钴离子（Co^{2+}）与 2-甲基咪唑（2-MIm）桥连所形成，其结构属立方晶系，晶胞参数为 $a = b = c = 16.9589$Å，形成内部尺寸为 11.6Å 的方钠石笼子，笼口孔径为 3.4Å（图 15.1），因此 ZIF-67 可用于气体分离、吸附等领域。ZIF-67 合成方法简单，使用硝酸钴和 2-甲基咪唑在甲醇溶液中室温下即可合成。通过加入表面活性剂等控制合成条件，可得到菱形十二面体、立方体、截角十二面体等不同形貌的微纳晶体，这些晶体可作为含钴化合物和碳材料的理想前驱体。

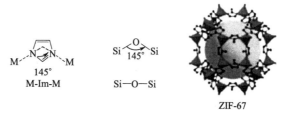

图 15.1　ZIFs 的分子结构及 ZIF-67 的晶体结构

（二）红外光谱法

红外光谱法又称红外分光光度分析法，简称 IR，是分子吸收光谱的一种，是利用物质对红外光区的电磁辐射的选择性吸收来进行结构分析及对各种吸收红外光的化合物进行定性和定量分析的方法。它的特点是特征性强、测定快速、不破坏试样、试样用量少、操作简便、能分析各种状态的试样，但分析灵敏度较低、定量分析误差较大。

当样品受到频率连续变化的红外光照射时，分子吸收某些频率的辐射，产生分子振动能级和转动能级从基态到激发态的跃迁，使对应于这些吸收区域的透射光强度减弱。记录红外光的百分透射比与波数或波长关系曲线，就得到红外光谱。物质的红外光谱是其分子结构的反映，谱图中的吸收峰与分子中各基团的振动形式相对应，实验所用红外光谱仪如图 15.2 所示。

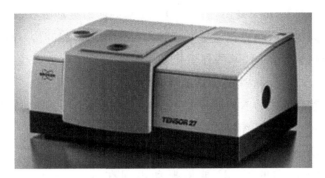

图 15.2　傅里叶红外光谱仪

通过比较大量已知化合物的红外光谱，发现组成分子的各种基团，如 O—H、N—H、C—H、C=C、C=O 和 C≡C 等，都有自己特定的红外吸收区域，分子的其他部分对其吸收位置影响较小。通常把这种能代表基团存在、有较高强度的吸收谱带称为基团频率，其所在的位置一般称为特征吸收峰。

中红外光谱区可分成 $4000\sim1300$（1800）cm^{-1} 和 1800（1300）$\sim$ $600cm^{-1}$ 两个区域。最有分析价值的基团频率在 $4000\sim1300cm^{-1}$ 之间，这一区域称为基团频率区、官能团区或特征区。区内的峰是由伸缩振动产生的吸收带，比较稀疏，容易辨认，常用于鉴定官能团。

在 1800（$1300cm$）$\sim600cm^{-1}$ 区域内，除单键的伸缩振动外，还有因变形振动产生的谱带。这种振动基团频率和特征吸收峰与整个分子的结构有关。当分子结构稍有不同时，该区的吸收就有细微的差异，并显示出分子特征。这种情况就像人的指纹一样，因此称为指纹区。指纹区对于指认结构类似的化合物很有帮助，而且可以作为化合物存在某种基团的旁证。

1. 基团频率区

基团频率区可分为以下三个区域。

（1）$4000\sim2500cm^{-1}$ X—H 伸缩振动区，X 可以是 O、N、C 或 S 等原子。

O—H 基的伸缩振动出现在 $3650\sim3200cm^{-1}$ 范围内，它可以作为判断有无醇类、酚类和有机酸类的重要依据。

当醇和酚溶于非极性溶剂（如 CCl_4），浓度为 $0.01mol/L$ 时，在

$3650 \sim 3580 cm^{-1}$ 处出现游离 O—H 基的伸缩振动吸收，峰形尖锐，且没有其他吸收峰干扰，易于识别。当试样浓度增加时，羟基化合物产生缔合现象，O—H 基的伸缩振动吸收峰向低波数方向位移，在 $3400 \sim 3200 cm^{-1}$ 出现一个宽而强的吸收峰。

胺和酰胺的 N—H 伸缩振动也出现在 $3500 \sim 3100 cm^{-1}$，因此，可能会对 O—H 伸缩振动有干扰。

C—H 的伸缩振动可分为饱和与不饱和两种。

① 饱和的 C—H 伸缩振动出现在 $3000 cm^{-1}$ 以下，在 $3000 \sim 2800 cm^{-1}$ 处，取代基对它们影响很小。如—CH_3 基的伸缩吸收出现在 $2960 cm^{-1}$ 和 $2876 cm^{-1}$ 附近；$R_2 CH_2$ 基的吸收在 $2930 cm^{-1}$ 和 $2850 cm^{-1}$ 附近；$R_3 CH$ 基的吸收出现在 $2890 cm^{-1}$ 附近，但强度很弱。

② 不饱和的 C—H 伸缩振动出现在 $3000 cm^{-1}$ 以上，以此来判别化合物中是否含有不饱和的 C—H 键。

苯环的 C—H 键伸缩振动出现在 $3030 cm^{-1}$ 附近，它的特征是强度比饱和的 C—H 键稍弱，但谱带比较尖锐。

不饱和的双键=C—H 的吸收出现在 $3010 \sim 3040 cm^{-1}$ 范围内，末端=CH_2 的吸收出现在 $3085 cm^{-1}$ 附近。

叁键≡CH 上的 C—H 伸缩振动出现在更高的区域（$3300 cm^{-1}$）附近。

（2）$2500 \sim 1900 cm^{-1}$ 为叁键和累积双键区，主要包括—C≡C、—C≡N等叁键的伸缩振动，以及—C=C=C、—C=C=O 等累积双键的不对称性伸缩振动。

对于炔烃类化合物，可以分成 R—C≡CH 和 R—C≡C—R 两种类型。

① R—C≡CH 的伸缩振动出现在 $2140 \sim 2100 cm^{-1}$ 附近。

② R—C≡C—R 出现在 $2260 \sim 2190 cm^{-1}$ 附近；R—C≡C—R 分子结构对称，则为非红外活性振动。

—C≡N 基的伸缩振动在非共轭的情况下出现在 $2260 \sim 2240 cm^{-1}$ 附近。当与不饱和键或芳香核共轭时，该峰位移到 $2230 \sim 2220 cm^{-1}$ 附近。若分子中含有 C、H、N 原子，—C≡N 基吸收比较强而尖锐。若分子中含有 O 原子，且 O 原子离—C≡N 基越近，—C≡N 基的吸收越弱，甚至观察不到。

（3）$1900 \sim 1200 cm^{-1}$ 为双键伸缩振动区，该区域主要包括三种伸缩振动。

① C=O 伸缩振动出现在 $1900\sim1650\text{cm}^{-1}$，是红外光谱中特征的且往往是最强的吸收，以此很容易判断酮类、醛类、酸类、酯类以及酸酐等有机化合物。酸酐的羰基吸收带由于振动耦合而呈现双峰。

② C=C 伸缩振动。烯烃的 C=C 伸缩振动出现在 $1680\sim1620\text{cm}^{-1}$，一般很弱。单核芳烃的 C=C 伸缩振动出现在 1600cm^{-1} 和 1500cm^{-1} 附近，有两个峰，这是芳环的骨架结构，用于确认有无芳核的存在。

③ 苯的衍生物的泛频谱带，出现在 $2000\sim1650\text{cm}^{-1}$ 范围，是 C—H 面外和 C=C 面内变形振动的泛频吸收，虽然强度很弱，但它们的吸收面貌在表征芳核取代类型上是有用的。

2. 指纹区

(1) 1800（1300）$\sim900\text{cm}^{-1}$ 区域有 C—O、C—N、C—F、C—P、C—S、P—O、Si—O 等单键的伸缩振动和 C=S、S=O、P=O 等双键的伸缩振动吸收。

其中：1375cm^{-1} 的谱带为甲基的 $d_{\text{C—H}}$ 对称弯曲振动，对识别甲基十分有用，C—O 的伸缩振动在 $1300\sim1000\text{cm}^{-1}$，是该区域最强的峰，也较易识别。

(2) $900\sim650\text{cm}^{-1}$ 区域的某些吸收峰可用来确认化合物的顺反构型。

利用以上区域中苯环的 C—H 面外变形振动吸收峰和 $2000\sim1667\text{cm}^{-1}$ 区域苯的倍频或组合频吸收峰，可以共同确定苯环的取代类型。

本实验通过 2-甲基咪唑和不同量三乙胺（TEA）反应，可生成不同尺寸大小的 ZIF-67 纳米材料，通过红外光谱分析，产物均应在 $3200\sim2700\text{cm}^{-1}$ 有吸收峰，这归属于 2-甲基咪唑和 TEA 的吸收，说明材料孔道中存在未反应物种以及 TEA。中心为 1176cm^{-1} 左右的吸收带可归属为 TEA 的 C—N 键伸缩振动吸收。如果反应物中 TEA 浓度增加，会被吸附于 ZIF-67 孔道中，抑制材料生长，所以通过吸收峰的宽化可以简单判断所合成 ZIF-67 的相对尺寸大小。

三、 仪器与试剂

1. 仪器

烧瓶，烧杯，反应釜，烘箱，磁子，搅拌器，Perkin Elmer 红外光谱仪。

2. 试剂

乙酸钴，2-甲基咪唑，三乙胺（TEA），去离子水，溴化钾。

四、 实验步骤

（1）称取 0.4152g 乙酸钴溶于 15mL 去离子水中形成 A 溶液。

（2）另称（量）1.3686g 2-甲基咪唑和与钴离子的摩尔比分别为 0、6、8、10 的三乙胺溶于 15mL 去离子水中形成 B 溶液。

（3）搅拌 30min 后，将 A、B 溶液混合，室温下搅拌反应 10min 后离心洗涤，置于 60℃烘箱中干燥 24h。

（4）取适量样品在 Perkin Elmer 红外光谱仪上进行红外光谱测试。

五、 结果与讨论

样品颜色、外形：

产量：

产率：

红外谱图（峰的归属，不同样品之间的区别）：

六、 实验操作注意事项

(1) 压片使用的溴化钾不一定要光谱纯的，国外也常常使用分析纯的，但是必须选择正规的产品，可以有水分，但关键是不能有杂质，尤其是有机物峰以及 SO_4^{2-}，NO_3^- 等。首先用干净的玛瑙研钵仔细研磨细，然后在120℃烘干24h，或在马弗炉中400℃烧30min，置于专用的干燥器中冷却。

(2) 理论上，研磨的粒度要小于其红外光的波长，这样才能避免产生色散谱。注意研磨过程尽量不要吸收水分，不要对着样品呼气。

(3) 做红外光谱测试放样品时候，注意轻开轻关样品室，同时不要面对样品室呼气，有利于背景吸收的扣除。

七、 思考题

(1) MOFs材料的种类、性质及应用方向有哪些？

(2) 红外光谱测试中为何要用溴化钾粉末压片？

(3) 红外分析谱中峰的强度与材料的哪些因素有关？

参考文献 ──≫

[1] 陈乐，胥平平，张致慧，等. 己烷在沸石咪唑酯骨架材料 ZIF-8、ZIF-67 上的附性能研究. 常州大学学报（自然科学版），2016，28（4）：7-12.

[2] 郭翔，茹晓云，王晓芃，等. 沸石咪唑酯金属-有机骨架材料的合成研究. 化工新型材料，2015（5）：179-183.

[3] 毛晓妍，王玉新，汪翰阳，等. 沸石咪唑酯骨架（ZIFs）的制备及性能研究进展. 当代化工，2018（47）：1698-1701.

一、 红外光谱原理

在有机物分子中，组成化学键或官能团的原子处于不断振动的状态，其振动频率与红外光的振动频率相当。所以，用红外光照射有机物分子时，分子中的化学键或官能团可发生振动吸收，不同的化学键或官能团吸收频率不同，在红外光谱上处于不同位置，从而可获得分子中含有何种化学键或官能团的信息。

近红外光是一种介于可见光（VIS）和中红外光（IR）之间的电磁波，美国材料检测协会（ASTM）将其定义为波长为 $780 \sim 2526\text{nm}$ 的光谱区。近红外光谱的优点如下。

（1）简单方便 有不同的测样器件可直接测定液体、固体、半固体和胶状体等样品，检测成本低。

（2）分析速度快 一般样品可在 1min 内完成。

（3）适用于近红外分析的光导纤维易得到，故易实现在线分析及监测，极适于生产过程和恶劣环境下的样品分析。

（4）不损伤样品，可无损检测。

（5）分辨率高 可同时对样品多个组分进行定性和定量分析。

所以目前近红外技术在食品产业等领域应用较广泛。

这种技术专门用于共价键的分析。如果样品的红外活跃键少、纯度高，得到的光谱会相当清晰，分析效果好。复杂的分子结构会导致更多的键吸收，从而得到复杂的光谱。但是，由于一些特定官能团有特定的吸收峰，这项技术仍用于非常复杂的混合物的定性研究当中。

当一束具有连续波长的红外光通过物质，物质分子中某个基团的振动频率或转动频率和红外光的频率一样时，分子就吸收能量，由原来的基态振（转）动能级跃迁到能量较高的振（转）动能级，分子吸收红外辐射后发生振动和转动能级的跃迁，该处波长的光就被物质吸收。所以，红外光谱法实质上是一种根据分子内部原子间的相对振动和分子转动等信息来确定物质分子结构和鉴别化合物的分析方法。将分子吸收红外光的情况用仪器记录下来，就得到红外光谱图。红外光谱图通常以波长（λ）或波数（σ）为横坐标，表示吸收峰的位置，以透光率（T，单位为%）或者吸光度（A）为纵坐标，表示吸收强度。

当外界电磁波照射分子时，如照射的电磁波的能量与分子的两能级差相等，该频率的电磁波就被该分子吸收，从而引起分子对应能级的跃迁，宏观表现为透射光强度变小。电磁波能量与分子两能级差相等为物质产生红外吸收光谱必须满足的条件之一，这决定了吸收峰出现的位置。

红外吸收光谱产生的第二个条件是红外光与分子之间有偶合作用，为了满足这个条件，分子振动时其偶极矩必须发生变化。这实际上保证了红外光的能量能传递给分子，这种能量的传递是通过分子振动偶极矩的变化来实现的。并非所有的振动都会产生红外吸收，只有偶极矩发生变化的振动才能引起可观测的红外吸收，这种振动称为红外活性振动；偶极矩等于零的分子振动不能产生红外吸收，称为红外非活性振动。

分子的振动形式可以分为两大类：伸缩振动和弯曲振动。前者是指原子沿键轴方向的往复运动，振动过程中键长发生变化。后者是指原子垂直于化学键方向的振动。通常用不同的符号表示不同的振动形式，例如，伸缩振动可分为对称伸缩振动和反对称伸缩振动，分别用 V_s 和 V_{as} 表示。弯曲振动可分为面内弯曲振动（δ）和面外弯曲振动（γ）。从理论上来说，每一个基本振动都能吸收与其频率相同的红外光，在红外光谱图对应的位置上出现一个吸收峰。实际上有一些振动分子没有偶极矩变化是没有红外吸收峰的；另外有一些振动的频率相同，发生简并；还有一些振动频率超出了仪器可以检测的范围，这些都使得实际红外谱图中的吸收峰数目大大低于理论值。

组成分子的各种基团都有自己特定的红外特征吸收峰。不同化合物中，同一种官能团的吸收振动总是出现在一个窄的波数范围内，但它不是出现在一个固定波数上，具体出现在哪一波数，与基团在分子中所处的环境有关。引起基团频率位移的因素是多方面的，其中外部因素主要是分子所处的物理状态和化学环境，如温度效应和溶剂效应等。对于导致基团频率位移的内部因素，迄今已知的有分子中取代基的电性效应，如诱导效应、共轭效应、中介效应、偶极场效应等；机械效应，如质量效应、张力引起的键角效应、振动之间的耦合效应等。这些问题虽然已有不少研究报道，并有较为系统的论述，但是，若想按照某种效应的结果来定量地预测有关基团频率位移的方向和大小，往往难以做到，因为这些效应大都不是单一出现的。这样，在进行不同分子间的比较时就很困难。

另外氢键效应和配位效应也会导致基团频率位移，如果发生在分子间，则属于分子外部因素，若发生在分子内，则属于分子内部因素。

红外谱带的强度是一个振动跃迁概率的量度，而跃迁概率与分子振动时偶极矩的变化大小有关，偶极矩变化越大，谱带强度越大。偶极矩的变化与基团本身固有的偶极矩有关，故基团极性越强，振动时偶极矩变化越大，吸收谱带越强；分子的对称性越高，振动时偶极矩变化越小，吸收谱带越弱。

二、 操作步骤

（1）首先打开电脑主机和红外光谱仪主机，然后双击程序 Spectrum 图标，出现对话框，点击"确定"进入红外光谱测试软件。首先设置仪器的基本功能，设置纵坐标单位、扫描的波数范围、分辨率等的参数，如图 15.3 所示。

（2）将 $2\sim4mg$ 干燥的 KBr 粉末放在玛瑙研钵内研磨至颗粒直径小于 $2\mu m$。将适量研磨好的样品装于干净的模具内，加压。放气卸压后，取出模具脱模，得到圆形样品片。

将 $2\sim4mg$ 顺丁烯二酸放在玛瑙研钵内，然后加入 $200\sim400mg$ 干燥的 KBr 粉末，混合研磨。研磨至颗粒直径小于 $2\mu m$。将适量研磨好的样品装于干净的模具内，加压。放气卸压后，取出模具脱模，得到圆

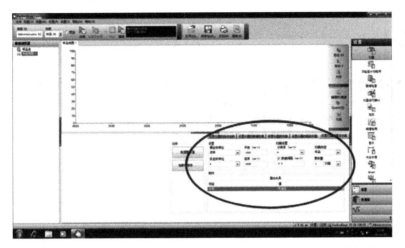

图 15.3　基本参数的设定

形样品片。

以同样的方法制得反丁烯二酸圆形样品片。

（3）将 KBr 样品片放于样品支架上，置于红外光谱仪的光路中，在测试软件界面上，点击基底 ，等待仪器扫描完成后，将顺丁烯二酸样品片放于样品支架上点击 ，测定其红外光谱图。

换上反丁烯二酸样品片以同样的方法测定其红外光谱图。

三、 注意事项

（1）研磨固体时应注意防潮，操作者不要对着研钵直接呼气。

（2）制片时压缩时间为 5~10min，时间越长锭片越透明，但连续压缩 10min 以上就得不到这种效果了。

（3）为使锭片受力均匀，在锭片模具内需将粉末弄平后再加压，否则锭片会产生白斑。

（4）操作仪器时，应严格按照操作规程进行。

共沉淀法合成球形Y$_2$O$_3$：Eu^{3+}荧光粉及其发光性质研究

一、 实验目的

(1) 掌握共沉淀法的原理及其在合成无机材料中的应用。

(2) 掌握荧光光谱仪的原理和激发光谱与发射光谱的测定。

(3) 了解稀土掺杂的无机发光材料的发光机理。

二、 实验原理

近年来，稀土掺杂的无机发光材料因其独特的物理化学性质引起了广泛的关注。Y$_2$O$_3$熔点高、密度大、热容性好，是一种重要的基质材料。当Eu^{3+}取代Y^{3+}后分别占据C$_2$和S$_6$这两种格位，使得Eu^{3+}的禁戒跃迁解除，并能够有效地吸收近紫外波长254nm的辐射，产生量子效率接近的100%高效发光。一般较多的Eu^{3+}占据C$_2$格位，产生^{5}D$_0$→^{7}F$_2$的受迫电偶极跃迁，发射出峰值波长为610nm的较强红光。只有极少数Eu^{3+}占据S$_6$格位，产生^{5}D$_0$→^{7}F$_1$的磁偶极跃迁，发射出峰值波长为590nm左右的红光（图16.1～图16.3）。Y$_2$O$_3$：Eu^{3+}是阴极射线和紫外辐射激发的高效红色发光材料，是一类具有良好热稳定性与化学稳定性的荧光材料，广泛用于照明、阴极射线管（cathode ray tube，CRT）、等离子平板显示（plasma display panels，PDP）等多个领域，自1974年应用于三基色荧光灯以来，至今仍是灯用三基色荧光粉首选的红色组分。多年来，人们在寻找其他替代材料的同时，对 Y_2O_3 ： Eu^{3+} 也进行了大量的研究。不仅找到了许多合成方法，如高温固相法、液相法、气相法、混相法等，还合成出了各种结构的 Y_2O_3 ： Eu^{3+} ，包括零维的纳米颗粒，一维的纳米管、纳米线、纳米棒，二维的纳米薄膜等。在众多的制备方法中，共沉淀法由于制备出来的粉末分散性好而备受青睐。

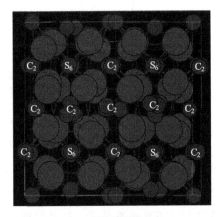

图 16.1　Y_2O_3 的晶体结构

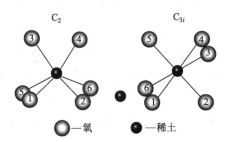

图 16.2　三价稀土离子在 Y_2O_3 晶体中的 C_2 和 S_6 位站位

共沉淀法是一种在较低的温度下制备超细颗粒、粒度分布均匀粉体的经济而适用的湿化学方法。该方法是指溶液中含有的两种或多种阳离子以均相存在，加入沉淀剂，经沉淀反应后，可得到各种成分均一的沉淀，再将沉淀物进行干燥和煅烧，从而制得高纯微细纳米粉体，它是制备含有两种或两种以上金属元素的复合氧化物超细粉体的重要方法。该法反应的各组分的混合可在分子级别上进行，从而能达到分子水平上的高度均匀性，并能使合成温度降低、产物相纯度高、可获得较小颗粒、无需球磨、设备简单、易于操作。

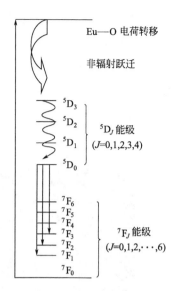

图 16.3 Y_2O_3 晶体中 Eu^{3+} 的能级图

共沉淀法的操作原理和沉淀法基本相同。沉淀可以看作是溶解的逆过程,当固体在溶剂中不断溶解时,浓度逐渐上升,在一定温度下溶解达到饱和时,固体与溶液呈动态平衡。这时溶液中溶质的浓度就是饱和浓度。而在沉淀过程中,当溶质在液相中的浓度达到饱和时,如果没有同相浓度存在,仍然没有沉淀产生,只有当溶质在溶液中的浓度超过临界饱和度时,沉淀方能自发进行。因此过饱和溶液是沉淀的必要条件,要使溶液结晶沉淀。首先应该配制过饱和溶液,提高溶质浓度,降低溶液温度。

本实验以 Y_2O_3 为基质、Eu^{3+} 为发光中心,采用尿素共沉淀法,获得球形 Y_2O_3:Eu^{3+} 荧光粉。此反应主要以稀土硝酸盐为原料,以尿素为沉淀剂,聚乙二醇(PEG 1000)为位阻剂,经过低温水热得到荧光粉前驱体,再经过抽滤、洗涤、干燥、煅烧过程从而制得 Y_2O_3:Eu^{3+} 荧光粉。利用荧光光谱仪对 Y_2O_3:Eu^{3+} 的荧光性能进行了研究。

三、 仪器与试剂

1. 仪器

电子天平,量筒(100mL),烧杯(250mL),胶头滴管,移液管

（5mL），容量瓶（100mL），快速滤纸，布氏漏斗，磁力搅拌器，电热恒温水浴锅，坩埚，马弗炉，荧光光谱仪。

2. 试剂

硝酸钇 [$Y(NO_3)_3 \cdot 6H_2O$，AR]，硝酸铕 [$Eu(NO_3)_3 \cdot 6H_2O$，AR]，尿素（AR），去离子水，无水乙醇，聚乙二醇（PEG 1000，AR）。

四、 实验步骤

首先，将 2.5g 的分散剂 PEG 1000 加入盛有 100mL 去离子水的烧杯中，剧烈搅拌 30min 使之充分混合，然后，分别将 6mL $Y(NO_3)_3 \cdot 6H_2O$ 溶液（1mol/L）和 0.5mL $Eu(NO_3)_3 \cdot 6H_2O$ 溶液（0.5mol/L）逐滴加入上述溶液中，使 Y^{3+} 和 Eu^{3+} 的摩尔比为 24:1，并继续搅拌 30min，最后，缓慢加入 25mL 尿素溶液（2mol/L），待继续搅拌 30min 后，将混合溶液置于 90℃ 的恒温水浴锅中反应 2h。应结束后自然冷却至室温，将混合溶液真空抽滤，产物分别用去离子水和无水乙醇洗涤产物数次，在 100℃ 下干燥 1h 得到前驱体。将前驱体放入坩埚，置于马弗炉中 600℃ 高温处理 2h。等马弗炉冷却至室温后取出，研磨即得最终产物 Y_2O_3：Eu^{3+} 荧光粉。用荧光光谱仪对样品的激发光谱和发射光谱进行测定和分析。其制备流程如图 16.4 所示。

此反应过程的反应方程式可表示为：

$$CO(NH_2)_2 \Longrightarrow NH_4^+ + OCN^- \tag{16.1}$$

$$OCN^- + OH^- + H_2O \Longrightarrow NH_3 + CO_3^{2-} \tag{16.2}$$

$$Eu(NO_3)_3 + Y(NO_3)_3 + 2CO_3^{2-} + 2OH^- \Longrightarrow$$

$$Eu(OH)CO_3 + Y(OH)CO_3 + 6NO_3^- \tag{16.3}$$

$$2Eu(OH)CO_3 \xrightarrow{\triangle} Eu_2O_3 + 2CO_2 + H_2O \tag{16.4}$$

$$2Y(OH)CO_3 \xrightarrow{\triangle} Y_2O_3 + 2CO_2 + H_2O \tag{16.5}$$

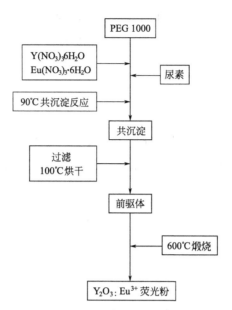

图 16.4　尿素共沉淀法制备 Y_2O_3：Eu^{3+} 荧光粉的流程

五、　结果与讨论

（1）所得样品实际产量：_____ g；理论产量：_____ g；产率：_____%。

（2）荧光光谱分析结果

① 将样品置于紫外灯下观察现象。

② 取适量样品在荧光光谱仪上测试激发光谱与发射光谱：荧光光谱的最大吸收波长_____ nm；最大发射波长_____ nm。

③ 绘制样品的激发光谱和发射光谱图。

六、　思考题

（1）为什么采用尿素作为沉淀？尿素作为沉淀剂有哪些优点？

（2）试讨论在共沉淀法合成中，哪些因素可能影响产物的结晶与性质？

（3）Eu^{3+} 与 Y^{3+} 在红光纳米晶 Y_2O_3：Eu^{3+} 中分别起什么作用，为什么要控制 Eu^{3+} 与 Y^{3+} 的相对比例？

参考文献 →》

[1] 杨红，王玮，周立亚 . Y_2O_3：Eu^{3+} 红色荧光粉的制备及其发光性质研究 [J]. 湘潭大学自然科学学报，2012，34（1）：64-67.

[2] 周亚运，张艳红，杨瑞，等 . Y_2O_3：Eu^{3+} 红色荧光粉的水热合成及性能研究 . 广东化工，2015，42（2）：14-15.

[3] 李小亮 . 稀土掺杂 Y_2O_3 红色荧光粉的制备及发光性质研究 . 大连：大连海事大学，2010.

[4] 刘志龙 . 稀土掺杂氧化钇纳米发光材料的合成及发光性能的研究 . 长春：吉林大学，2010.

实验十七 ▶▶

纳米银溶胶的制备及其
紫外吸收光谱测定

一、 实验目的

(1) 掌握金属纳米银溶胶的制备和表征方法。

(2) 掌握紫外-可见分光光度计的原理和使用方法。

(3) 了解表面等离子共振（SPR）的原理和应用。

二、 实验原理

随着科技的发展，纳米材料已经成为一种快速发展的新型材料，在工业、农业、医药和人民生活等许多方面有着非常广泛的应用。例如，在医药方面可以做抗菌材料，在电子行业可以作为微电子材料，在化学合成领域，可以作为催化剂材料等。另外，纳米材料在信息存储、光子学、感应器、成像等领域也有着广泛的应用。因此，纳米材料的制备与研究及其潜在的应用已引起各国科学家的广泛关注。有关纳米材料的制备以及纳米技术的开发已经被公认为 21 世纪最具有发展前景的研究热点之一。

在众多纳米材料当中，金属纳米材料（颗粒）由于具有独特的物理和化学性能，已成为最受关注的纳米材料之一。在金属纳米材料（颗粒）当中，以贵金属金、银等为代表。其中，银是贵金属中相对比较便宜的金属。同时，由于银的纳米结构易于控制，具有极高的电导率、热导率及广阔的应用前景，因此得到了较多的关注。近年来，纳米尺寸的胶体银颗粒由于具有优异的光学性质、电学性质、化学性质、抗菌特性，特别是光学响应中由于表面等离子共振（surface plasma resonance，SPR）引起的吸收光谱已成为研究热点（图17.1）。研究表明，银纳米颗粒的表面等离子共振与其大小、形状及单分散有关系，因此银纳米颗粒的制备也一度成为人们研究的热点，迄今为止，已经有多种制备银纳米颗粒的方法见诸报道。过程简单、产品单分散性好、粒径可控，一直是各种银纳米颗粒制备方法优化的目标。

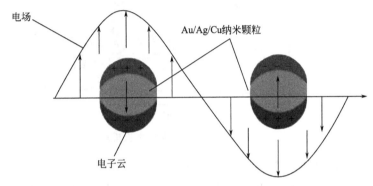

图 17.1　表面等离子共振（SPR）示意

液相氧化还原法是制备超细纳米银溶胶最常用的方法之一，也是较为有效的方法。其基本原理是在溶液中，利用还原剂把银源中的 Ag^+ 还原成银原子，并生成单质银颗粒。常用的还原剂有硼氢化钠、有机胺、双氧水、抗坏血酸、次亚磷酸钠、柠檬酸钠、甲醛、葡萄糖、多元醇等。该方法的优点在于能在较短时间内产生大量的金属纳米颗粒，并且可以较好地控制金属纳米颗粒的粒径及尺寸分布。该方法中，由于生成纳米颗粒的速度较快，纳米颗粒具有较高的表面能，很容易发生团聚。因此，常需要加入一定量的分散剂或保护剂来控制反应的过程，降低银纳米颗粒的表面活性，从而防止银纳米颗粒团聚，使其粒径在纳米数量级。常用的保护剂或分散剂有 PVP（聚乙烯吡咯烷酮）、CTAB（十六烷基三甲基溴化铵）、SDS（十二烷基磺酸钠）、SDBS（十二烷基苯磺酸钠）、明胶、PVA（聚乙烯醇）等。银纳米颗粒生长机理如图17.2所示。液相还原制备银纳米颗粒的过程分为以下几个阶段。

（1）随着还原剂的加入 Ag^+ 被还原成 Ag^0，大量 Ag^0 开始生成并快速达到饱和状态，在整个过程中并没有纳米颗粒的生成。

（2）随着 Ag^0 单体的增多，溶液逐渐达到过饱和状态，混合体系

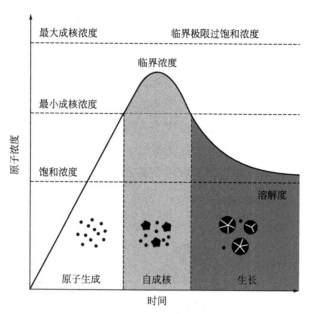

图 17.2　银纳米颗粒生长机理示意

克服能垒，Ag^0 聚集形成银簇。

（3）随着大量银核的生成，体系中迅速产生银纳米颗粒。

银纳米颗粒的颜色随其直径改变而变化，具有很强的二次电子发射能力。银纳米颗粒根据粒径大小有不同颜色，从小到大大致为黄色、红色、桃红、紫红、褐色。银纳米颗粒的吸收为表面等离子共振吸收，它与金属表面的自由电子运动有关。胶体银在 420～450nm 可见光谱范围内有一吸收峰，吸收波长随银颗粒直径的增大而增加。若银颗粒聚集，则吸收峰变宽。

本实验以羟丙基甲基纤维素（HPMC）为保护剂，葡萄糖为还原剂，水为溶剂，采用加热回流的方法制备纳米银溶胶，并采用紫外-可见分光光度计测定其紫外-可见吸收光谱。

三、　仪器与试剂

1. 仪器

电子天平，量筒，烧杯，单口瓶，胶头滴管，磁力搅拌器，电热套回流冷凝管，紫外-可见分光光度计。

2. 试剂

　　硝酸银（AgNO₃，AR），羟丙基甲基纤维素（HPMC，AR），葡萄糖（C₆H₁₂O₆，AR），去离子水。

四、 实验步骤

1. 纳米银溶胶的制备

　　精确称取 0.10g 的羟丙基甲基纤维素（HPMC），加入盛有 90mL 去离子水的烧杯中，搅拌 30min，使其完全溶解，形成羟丙基甲基纤维素溶液，放置备用。精确称取 0.1g 硝酸银，溶解到 10.00mL 去离子水中，搅拌 10min，形成硝酸银溶液，放置在室温中备用。在搅拌的前提下，把硝酸银溶液滴加到羟丙基甲基纤维素溶液中，形成 HPMC/Ag⁺ 混合溶液，然后再加入 2.0g 的葡萄糖，搅拌均匀。最后将混合溶液置于 250mL 单口瓶中，装上回流冷凝管，在电热套中把温度快速升到 80℃，回流反应 3h 得到纳米银溶胶。

　　其制备流程图如图 17.3 所示。

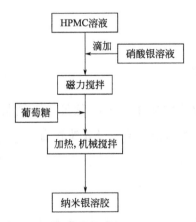

图 17.3　制备纳米银溶胶的流程

　　在反应过程中所涉及的反应方程式如下：

$$Ag^+ + HPMC \Longrightarrow HPMC\text{---}Ag^+ \tag{17.1}$$

$$2HPMC\text{—}Ag^+ + C_2H_{12}O_6 + H_2O \longrightarrow 2HPMC\text{—}Ag^0 + C_2H_{12}O_7 + 2H^+$$

$$(17.2)$$

HPMC 包覆的纳米银溶胶的生成机理如图 17.4 所示。

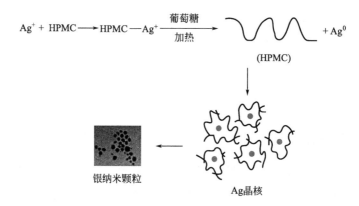

图 17.4　HPMC 包覆的纳米银溶胶的生成机理

2. 纳米银溶胶吸收光谱的测定

取 2.0mL 新制的纳米银溶胶，用去离子水作参比，在紫外-可见分光光度计上，300～650nm 波长范围内扫描，获得纳米银溶胶的紫外-可见吸收光谱，并观察溶液吸收波长的位置。

五、 结果与讨论

使用原始数据在 Origin 软件中，绘制样品的紫外-可见吸收光谱图，得到样品溶液的最大吸收波长为_____nm，吸收峰半高宽为_____nm。

六、 思考题

（1）硝酸银/葡萄糖浓度之比与银纳米颗粒大小关系如何？

（2）反应温度和时间如何影响银纳米颗粒的尺寸？

（3）根据紫外-可见吸收光谱，最大吸收波长与银纳米颗粒的尺寸有何关联？

（4）纳米银溶胶为什么会在可见光区产生吸收？

参考文献 —》

[1] 薛海燕，张颖，张宝艳，等．安石榴苷还原壳聚糖/纳米银溶胶制备表征及其抑菌性能．农业工程学报，2018，34（04）：306-314．

[2] 程菲．纳米银的制备及光学性能的研究．黄石：湖北师范大学，2016．

[3] 包洪滨．纳米银胶体的制备和表征．天津：天津大学，2007．

[4] 罗超，银纳米粒子的可控制备、表征以及光性能研究．武汉：武汉理工大学，2009．

实验十八 ▶▶

自组装单层膜诱导合成 BiFeO₃薄膜

一、 实验目的

（1）了解 $BiFeO_3$ 的性质和应用前景。

（2）掌握自组装技术合成 $BiFeO_3$ 薄膜材料。

二、 实验原理

　　铁磁电材料是一种因电磁有序而导致铁电性和磁性共存并且具有磁电耦合性质的材料。铁电性和磁性的共存使得这种材料可由电场诱导产生磁化，同时磁场也可以诱发铁电极化，此性质被称为磁电效应。

　　$BiFeO_3$ 是一种在室温下同时具有铁电性和反铁磁性的铁磁电材料，是当前多铁材料研究的热点之一。其铁电居里温度在820℃，反铁磁性的奈尔温度为370℃，在室温下，$BiFeO_3$ 具有简单钙钛矿型结构，如图 18.1 所示，其中氧八面体绕体对角线轴转动一定的角度，形成一种偏离理想钙钛矿结构的斜立方体结构，$BiFeO_3$ 长程电有序和长程磁有序使其同时具有铁电性和反铁磁性，两者共存的特性在信息储存、自旋电子器件、磁传感器以及电容-电感一体化器件方面有及其重要的应用前景。

　　$BiFeO_3$ 材料在制备的过程中容易发生铁价态的波动，从而产生较大的漏导。另外，$BiFeO_3$ 本身具有的低介电常数和低电阻率等性质导

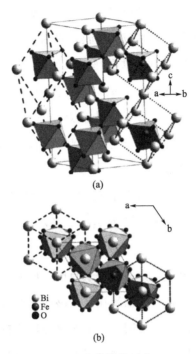

图 18.1　$BiFeO_3$ 晶体结构示意

致很难观测到它的电滞回线，所以对于 $BiFeO_3$ 的研究一度被忽视。近年来薄膜制备方法的发展使得人们能够制备出高质量的 $BiFeO_3$ 薄膜，极大地减小了漏导，从而获得了强的铁电性，使 $BiFeO_3$ 重新受到了广泛的关注。利用 $BiFeO_3$ 薄膜的磁电效应有可能设计出用快速电极化诱导快速的磁化翻转的磁光盘，从而取代现有的慢速磁读写记忆材料。同时可以利用它的高介电常数和磁导率制成高电容和大电感一体化的电子元器件，用来减少高密度电路板上的器件数量，解决感性器件和容性器件相互干扰问题。另外，它的电与磁性参数的耦合可以应用于自旋电子器件方面。

目前制备铁电薄膜的方法主要分为物理和化学两种方法。其中物理方法主要有磁控溅射法、激光脉冲沉积法（PLD）、物理气相沉积法（PVD）等，这也是目前整个 $BiFeO_3$ 薄膜研究领域内获得优良性能 $BiFeO_3$ 薄膜的主要物理制备方法，但这些方法都对设备和制备工艺条件有着非常苛刻的要求；而化学方法则包括化学气相沉积法（CVD）、溶胶-凝胶法（sol-gel）、化学溶液沉积法（CSD）等，其中，溶胶-凝胶法由于简易的操作等原因，受到许多研究者的青睐，但其很难大面积镀膜，也不能在微型基板上镀膜，限制了其在工业上的应用。

总之，这些制备铁酸铋薄膜的方法，或是因为制备所需条件太过苛刻，或是因为成本太高，或是因为工艺操作复杂，或是因为制得的薄膜性能较差，都不能令人满意。近些年来，随着自组装技术的不断发展，其制备超薄有序膜的优势逐渐体现出来，使其逐渐成为薄膜制备领域的一个新亮点。自组装分子膜技术制备薄膜材料是利用其功能化表面为模板诱导无机物沉积，使可溶性的无机物前驱体结合到基底表面，促进无机物薄膜在表面成核和生长。该法是一种对环境友好的制模工艺。

在自然界中有许多单分子膜层，最为典型的例子就是油污在水面上的存在状态。将一滴油滴在有足够面积的水面上，油会逐渐在水面上铺展并最终形成单分子膜层。虽然这种现象在自然界中很普通，但人们一直都没有在固体表面发现类似的现象。但在 20 世纪 40 年代中期，Bigelow 等发现能在非常洁净的 Au 表面上吸附一层表面活性物质而自组装形成单分子层膜，从此推开了在固体表面制备自组装单分子层膜研究的大门。随着自组装单分子层膜技术（也叫自组装单层膜技术）的不断发展，各种不同类型的自组装单分子层膜在各种不同的基板上都被分别制得，逐渐形成了现在自组装单层膜技术领域的三大体系：脂肪酸单层膜、有机硅烷衍生物类单层膜和硫化物单层膜。

自组装单分子膜技术在发展之初就是为了制备新型的单分子层的有机薄膜。随着自组装技术的不断发展，逐渐有研究者将其作为过渡膜用来诱导吸附制备无机薄膜，从而为无机薄膜的制备提供了一个新的方向。并且由于有机硅烷及其衍生物类的自组装单分子层膜的特殊稳定性和对基板的广泛适用性，使其逐渐成为自组装单层膜技术诱导吸附制备无机薄膜领域的主要自组装单分子层膜体系。

本实验利用自组装单层膜技术，以十八烷基三氯硅烷为模板，以硝酸铋和硝酸铁为原料，以冰醋酸为溶剂，柠檬酸为配合剂，在玻璃基片上成功制备了 $BiFeO_3$ 晶态薄膜（简称 BFO）。

三、 仪器与试剂

1. 仪器

PL16-110 型紫外光照射仪，SL200B 型接触角仪，X 射线衍射仪，扫描电镜，EDAX-TSL 型能谱仪（EDS），原子力显微镜。

2. 试剂

$Bi(NO_3)_3 \cdot 5H_2O$，$Fe(NO_3)_3 \cdot 9H_2O$，冰醋酸，柠檬酸，无水乙醇，丙酮，十八烷基三氯硅烷（OTS，98%），甲苯（99.9%）。

四、 实验步骤

1. 自组装单层膜的制备

将洁净的玻璃基片（普遍载玻片）置于 PL16-110 型紫外光照射仪中照射 30min，除去表面有机物后，在室温下放入含体积分数为 1% OTS 的甲苯溶液中浸泡，使基片表面生长 OTS 薄膜，并用氮气吹干。然后在紫外光（波长 $\lambda = 184nm$）下照射 30min，使硅烷头基官能团发生羟基化转变形成 OTS-自组装单层膜（self-assembled monolayers，SAMs）。

2. BiFeO₃ 薄膜的制备

量取 48.5mL 蒸馏水、1.5mL 冰醋酸配成 50mL 溶液，向其中加入 0.24g $Bi(NO_3)_3 \cdot 5H_2O$ 和 0.20g $Fe(NO_3)_3 \cdot 9H_2O$ 搅拌溶解，然后加入 0.21g 柠檬酸搅拌 1h 后，配制成 $Bi(NO_3)_3$ 前驱液。将 OTS-SAMs 基片竖直置于配置好的前驱液中，在 70℃ 沉积 8h 制备 $Bi(NO_3)_3$ 薄膜。铁酸铋薄膜的生长首先是被沉积物质的原子与衬底的羟基键的结合。然后，通过沉积物质的表面吸附作用以二维扩展层状生长模式形成薄膜。对薄膜在 600℃退火处理 2h 并对薄膜进行测试。

3. 样品测试

利用接触角仪对前期处理的 OTS-SAMs 基片进行表面润湿性测定。用原子力显微镜观测 OTS-SAMs 的形貌。XRD 分析 BiFeO$_3$ 薄膜的物相。扫描电镜观测 BiFeO$_3$ 薄膜表面形貌及微观结构。采用 EDS 测定 BiFeO$_3$ 薄膜表面元素。

五、 结果与讨论

（1）OTS-SAMs 亲水性检测，紫外光照前，接触角：＿＿＿＿＿＿＿＿；紫外光照后，接触角：＿＿＿＿＿＿＿＿。

（2）AFM 观察 OTS-SAMs 结果，紫外光照前形貌：＿＿＿＿＿＿＿＿；紫外光照后形貌：＿＿＿＿＿＿＿＿＿。

（3）BiFeO$_3$ 薄膜的 XRD 分析结果：＿＿＿＿＿＿＿＿＿＿＿。

（4）BiFeO$_3$ 薄膜的 EDS 分析结果：＿＿＿＿＿＿＿＿＿＿。

（5）BiFeO$_3$ 薄膜的 SEM 分析结果：＿＿＿＿＿＿＿＿＿＿。

六、 思考题

（1）简述 SAMs 技术合成 BiFeO$_3$ 薄膜的原理。

（2）简述 BiFeO$_3$ 薄膜的应用前景。

参考文献 —》

[1] 谈国强，刘剑，苗鸿雁，等．四方相 BaTiO$_3$ 薄膜的自组装制备与表征．无机材料学报，2009，24（4）：749-754.

[2] 尹君．自组装单分子膜和紫外光诱导生长 BiFeO$_3$ 薄膜及多铁性研究．西安：陕西科技大学，2013.

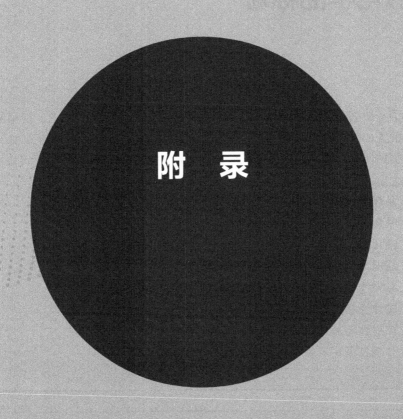

附　录

附录1 ▶▶

危险化学品标志

我国一般都是根据危险化学品本身的特点，以及在生产、运输、使用的过程中能够使人们对其进行方便管理的方式来对危险化学品进行类别管理的（附表1）。根据国际上对于常用以及特殊危险化学品的标准进行分类，主要可以分为8类危险化学品：

① 易爆品；

② 易燃品；

③ 液化和压缩气体；

④ 遇湿易燃和自燃物品以及易燃固体；

⑤ 毒害物品；

⑥ 腐蚀性物品；

⑦ 放射性物品；

⑧ 有机过氧化氢和氧化剂物品。

附表1　危险化学品标志

序号	标志	意义
1		易燃固体
2		易燃气体

序号	标志	意义
3		易燃液体
4		自燃物品
5		遇湿易燃物品
6		爆炸品
7		遇水放出易燃气体的物质

序号	标志	意义
8		不燃气体
9		放射性物品（第Ⅲ级）
10		放射性物品（第Ⅱ级）
11		放射性物品（第Ⅰ级）
12		腐蚀性物品

序号	标志	意义
13		感染性物品
14		氧化剂(物质)
15		有毒气体
16		有毒品
17		剧毒品

附录2 ▶▶

实验室安全标志

实验室安全标志由图形符号、安全色、几何形状（边框）或文字构成。安全标志分为安全指令标志、警告标志、禁止标志、指示标志四类，见附表 2。

附表 2　安全指令标志及其含义

类别	标志	含义
安全指令标志		必须戴防护眼罩
		必须戴防毒口罩
		必须戴防尘口罩
		必须戴耳罩

类别	标志	含义
安全指令标志		必须戴安全帽
		必须戴防护帽
		必须戴手套
		必须穿防护鞋
		必须系安全带
		必须穿防护服

类别	标志	含义
警告标志		注意安全
		当心火灾
		当心爆炸
		当心中毒
		当心感染
		当心腐蚀

类别	标志	含义
警告标志		当心触电
		当心机械伤人
		当心低温
		当心磁场
		当心电离辐射
		当心激光

类别	标志	含义
禁止标志		禁止吸烟
		禁止烟火
		禁止用水灭火
		禁止放易燃物
		禁止启动
		禁止合闸
		禁止转动

类别	标志	含义
禁止标志		禁止触摸
		禁止通行
		禁止停留
		禁止通行
		禁止靠近
		禁止饮用
		禁止穿化纤服装

类别	标志	含义
指示标志		紧急出口
		紧急出口
		应急电话
		急救点